「会社がしんどい」をなくす本

我心态超好

奥田医生写给上班族的工作处方笺

[日]奥田弘美 著　胡佳 译

中国水利水电出版社
www.waterpub.com.cn
·北京·

内 容 提 要

本书详细阐述了工作压力的来源，包括：同辈压力、过度紧张、变化压力、高效压力、人际压力等，并分年龄段讲述了人们在工作生涯中一般会遇到的三次心理危机。同时提出了有效的应对危机的策略和缓解压力的办法，让读者在阅读完本书后，能够以饱满的精神、良好的心态面对每一天的工作。

图书在版编目（ＣＩＰ）数据

我心态超好：奥田医生写给上班族的工作处方笺 /（日）奥田弘美著；胡佳译. -- 北京：中国水利水电出版社，2022.2（2022.3 重印）
ISBN 978-7-5226-0440-4

Ⅰ．①我… Ⅱ．①奥… ②胡… Ⅲ．①心理学—通俗读物 Ⅳ．①B84-49

中国版本图书馆CIP数据核字（2022）第009059号

KAISHA GA SHINDOI WO NAKUSU HON IYANA STRESS NI MAKEZU
KOKOCHIYOKU HATARAKU SHOHOSEN written by Hiromi Okuda
Copyright © 2021 by Hiromi Okuda. All rights reserved.
Originally published in Japan by Nikkei Business Publications, Inc.
Simplified Chinese translation rights arranged with Nikkei Business Publications, Inc. through Inbooker Cultural Development (Beijing) Co., Ltd.
北京市版权局著作权合同登记号：图字 01-2021-7409

书　　名	**我心态超好：奥田医生写给上班族的工作处方笺** WO XINTAI CHAO HAO: AOTIAN YISHENG XIE GEI SHANGBANZU DE GONGZUO CHUFANGJIAN	
作　　者	［日］奥田弘美 著　　胡佳 译	
出版发行	中国水利水电出版社 （北京市海淀区玉渊潭南路1号D座　100038） 网址：www.waterpub.co m.cn E-mail：sales@waterpub.com.cn 电话：（010）68367658（营销中心）	
经　　售	北京科水图书销售中心（零售） 电话：（010）88383994、63202643、68545874 全国各地新华书店和相关出版物销售网点	
排　　版	北京水利万物传媒有限公司	
印　　刷	河北文扬印刷有限公司	
规　　格	146mm×210mm　32开本　8印张　165千字	
版　　次	2022年2月第1版　2022年3月第2次印刷	
定　　价	49.80元	

前　言

　　从我们开始上班的第一天起，压力便如约而至，我们和压力之间的斗争也就此拉开了帷幕。

　　与有自主权的自由职业者、经营者不同，朝九晚五的上班族经常能感受到强大的组织压力❶。

　　众所周知，并非所有的上班族都能拥有一份得偿所愿的工作，诸如"这并非是我喜欢、感兴趣的工作"的声音早已屡见不鲜。

　　即使运气好，从事了自己喜欢的工作，也会陷入"因上司和客户干涉，无法大显身手""身边同事不能按照自己的想法配合工作，导致无法实现预期的效果"等进退两难的境地。

---

❶　组织压力（Organizational Stress）：组织内有许多因素能引起压力感，组织结构、组织变革、组织生命周期、工作环境、高压文化、沟通障碍、领导风格、工作过载或欠载、角色要求、任务要求等都会给员工带来压力，这些压力称为组织压力。

在日本社会中，还存在着极强的同辈压力[1]。这种压力极大地抑制了公司职员的个人意志和情感，而且个人一旦身处集体，还要被要求"以和为贵"。

即使在每天的日常工作中，也要品尝想说却不能说、只能笑颜以对的无奈。"为什么要对那些品德败坏的人予以宽容？""这个人一无是处，为什么还要对他阿谀奉承？"想必多数上班族都对这样的荒谬现状有所"领教"吧！此外，"为什么必须要做这些浪费人力物力的事情？"对这些我们想摇头说不的公司规则和习惯，大多数人也只能默默忍耐遵从吧！

日本厚生劳动省在2018年的调查显示，各个年龄段在工作或职业生涯中感受到强大压力的比例分别为：20～29岁：57.6%，30～39岁：64.4%，40～49岁：59.4%，50～59岁：57%。由此可见，不论哪个年龄段，半数以上的人都感受到了来自职场的压力。

提及沉重压力的来源，排名第一位的是工作的数量和质量，其次是人际关系和工作的失误、追责。

---

[1] 同辈压力（Peer Pressure）：是指同辈人互相比较中产生的心理压力，一个同辈人团体对个人施加影响，会促使个人改变其态度、价值观或行为，使其遵守团体准则。

2020年爆发了全球性的新型冠状病毒肺炎（以下简称"新冠"）疫情，工作环境和人际关系也因此发生了巨大变化。为控制感染人数的持续激增，日本全国范围内的密集型活动急剧减少，"远程办公"也应运而生。毋庸置疑，集体中的人际关系也日趋淡薄。

我本是一名精神科医生，大约从10年前开始，我致力于成为一名企业职工健康管理医生。时至今日，我已经是20家公司的专业心理咨询师，我的职责是帮助众多商务人士减轻精神压力。历经新冠疫情"战火"的洗礼，我深切感受到上班族的压力非但没有减少，反而日渐增高。

在和他们的谈话中我得知：远程办公虽然让身体得到了放松，却在无形中建立起一面墙，成为和上司、同事沟通的壁垒；提出质疑时更需顾及发言人的感受，只能将疑虑藏在心底；居家隔离期间，孤独感激增。

与此同时，"远程骚扰"一词也应时而生。

日本刚有下降趋势的自杀率又重新抬头，心理疾病患病率急转而上。

如今，压力堆积的现象愈演愈烈，即使现在安然无恙，也要做好被心理危机找上门的准备，提前做好应对之策。

根据我多年的经验，一个人从开始上班到退休至少要陷入3次"心理危机"（至于为何是3次，您阅读完本书后便知缘由）。

我想正在阅读本书的各位也绝非例外。

本书介绍了我从医多年遇到的各种"心理危机"以及面对危机应如何思考、如何疗养身心，希望大家在阅读完本书后，能够引以为鉴，不屈服于压力，以饱满的精神状态面对每一天的工作。

俗话说：有备无患！希望本书能够为您及您家人的身心健康、宏图大展献上一份绵薄之力。

第一部分
上班为什么会让人身心俱疲？

第 1 章　同辈压力

因重视"以和为贵"产生的压力　　005

第 2 章　过度紧张

"夜不能寐"是身体发出的危险信号　019

第 3 章　变化带来的压力

接二连三的好事也能导致压力　　039

第 4 章　追求高效的压力

效率最大化引发的过度劳累　　049

第 5 章　人际关系的压力

近在咫尺的职权骚扰　　065

第 6 章　远程办公的压力

在家办公，压力也未曾减少丝毫　　081

第二部分

人生中的三次心理危机

第 7 章　职场新手

调整心态，工作不碰壁　　　　　　　095

第 8 章　中坚力量

公私兼顾带来巨大压力　　　　　　　121

第 9 章　资深员工

体力下降，忧心健康，压力随之而生　153

第三部分

保持好心态的工作处方笺

第 10 章　睡眠

压力首先会侵蚀我们的睡眠　　　　　191

第 11 章　饮食

拒绝敷衍了事的饮食　　　　　　　　203

第 12 章　运动

工作再忙也能实现的运动　　　　　　211

第 13 章　心理

内心能量不足时要及时补充　　　　　219

最后的话　/　235

第一部分

上班为什么会让人身心俱疲？

在日本的上班族中，应该没有人能做到工作零压力，只要身处集体之中，压力就会如影随行。

对日本上班族而言，压力本就源于公司本身。为何上班让如此多的人身心俱疲？

作为一名专业的精神科医生，以及具备多年丰富经验的企业职工健康管理医生，我发现真正让上班族身心交瘁的原因有6个：同辈压力，过度紧张导致的压力，事物变化带来的压力，追求高效、高品质的压力，人际关系带来的压力，远程办公的压力。

若要用一句话来阐述这6种压力的触发原因，那就分别是：

在公司里，与同辈人稍有不同，便遭人非议，**同辈压力**也随之而生；信息技术日新月异的发展极大提升了工作效率，但是通宵达旦的忙碌会导致人体自律神经的紊乱，继而引发**过度紧张**；

所谓**事物变化带来的压力**是指因升职、人事变动，甚至是个人的结婚、生孩子等变化导致压力倍增；**追求高效、高品质的压力**是指在日常工作中，对工作的数量和质量提出更高的要求；职场中存在的职权骚扰、精神暴力等，会引发**人际关系的压力**；最后，为应对新冠疫情而实行的**远程办公**也带来了新的压力。

关于如何直面并应对这6种压力，我将会在后面的篇章中详细解说。至少大家在阅读完本书的第一部分后，不会心怀愧疚地认为所有过失皆因自己而起，而是学会勉励自己：其实很多时候都是这些压力在从中作梗。希望这本书能让大家在重重压力中如释重负。

第1章　同辈压力
因重视 "以和为贵" 产生的压力

为何每个人都能感受到压力？

现如今，在日本的上班族只要被问及 "您有压力吗"，我想应该没有人会作出否定回答。

同样，对于正在阅读本书的各位，一定也承受着来自日常生活的种种压力吧！

作为一名在企业担任职工健康管理的专职医生，我经常和不同年龄段的商务人士对话。他们不论年龄大小、职位高低，都会感受到来自工作团体的压力。

在与他们的交谈中我得知：很多时候压力的根源来自组织体系中存在的同辈压力。

同辈压力之根深蒂固已然成为日本人的一种国民性，在团体组织中注重"人之和"也已司空见惯。当提及"以和为贵"一词，我们总是将它归类于褒义词，但是在集体中维持"以和为贵"必将抑制个人的"想法"和"期望"。

很多公司职员都被这种所谓的同辈压力击垮，或因此困扰不已、身心遭受极大的创伤。

曾和我对话的商务人士中，不乏同辈压力的受害者，下述内容便是来自他们的叙述。

▼ "当我提议能否缩短开会时间提升时间利用率时，就会遭到前辈诸如'其他年轻人可不会说这样的话'的责备，并从此将我从开会成员中除名。"

▼ "午休时不加入大家交谈的队伍、独自埋身工作的我，经过不懈努力终于获得大订单后，虽然得到了大家的称赞，但这之后同事间的聚餐从不邀请我。"

▼ "人事通知我多休年假，我在安排好各项工作的前提下，将年假和周六日连在了一起，以便休一个较长的假期。这时，同事抱怨道：'这个部门不休长假可是常识呢！'"

只不过是一个小小的建议而已，
反对声便不绝于耳！

如果提议内容和目前为止的做法大相径庭，就会遭到周围人的反感，压力便会随之而生。有此烦恼的人居然比比皆是。

那么，施加压力的一方又是何种心理呢？

▼ "职场中的每一天，我都如履薄冰，每说一句话都要察言观色，为什么他就能畅所欲言，还备受领导青睐？我不允许！"

▼ "为了和身边同事和睦相处、践行'以和为贵'，工作再忙我都要强迫自己和大家一起吃午饭，为什么只有他可以熟视无睹、目中无人，还获得了大订单？着实可恨！"

▼ "为了照顾他人情绪，我有假不敢休，为什么他能若无其事的连续休假？即便对工作毫无影响，可那又如何呢！"

从我记事起，老师就教导我们：在学校这个小团体中，大家一定要和睦相处，这一点最为重要。其次，不可任性妄为、口不择言！也不可以针锋相对、互相争执。我们都是在这样的教育环境中长大成人的。

众所周知，日本在实施"宽松教育"后，从表面看，学校似乎更加重视儿童的个性发展了，不可否认儿童的个人能力的确有所提升。但是，身处集体，"不能打破以和为贵"的思想早已根深蒂固，未曾改变丝毫。学校从各个方面入手，打破学业竞争对孩子们的束缚，竞争的减弱推动了"和睦相处、协同行动"的发展，与此同时，以和为贵带来的压力也日渐增长。

事实上，来找我诉说的公司职员中，多是20～30岁的年轻人，他们很重视察言观色，不喜欢引人注目、充当"出头鸟"。

总之，不论是在学校的学习生活中，还是课后的兴趣班里，只要身处集体之中，"少数服从多数""一个人不可擅自行动"已成为金科玉律。即便长大成人后迈入社会、进入公司，只要有人提出反对意见、反其道而行，就会被认为"狂妄自大、目无尊长""不懂得察言观色"。那些特立独行者总是遭人非议、在集体中被排挤，有时还会遭到上司的斥责。

莫非日本人自古就居心不良？

各种研究表明，同辈压力已成为日本人的一种国民性。

从社会心理学的研究结果来看，日本自古以来的独特稻作文化提倡全村集体耕作，每个人都需要"步调一致"，当然不会允许个人的擅自行动。

美国弗吉尼亚大学的托马斯·托尔汉姆研究团队曾指出：相较那些生长于小麦种植区的人们，水稻种植区的人更重视集体主义。此研究成果刊登在2014年的《科学》杂志上。因水稻种植的劳动强度大，所以没有邻居的帮忙很难独立完成，久而久之便形成了很强的依赖关系。相反，生长于小麦种植区的人们自立性以及对事物的分析性也更强。

众所周知，日本是一个以种植水稻为主的国家，相较于个人利益，集体利益总是会被摆在第一位。同样，人们也很容易受到集团主义的感染和支配。

可悲的是，多项研究结果表明：相较欧美等国家，日本更容易产生霸凌行为。

大阪大学社会经济研究所的西条辰义教授等人经过多次实验得出：相较美国人和中国人，日本人在自己的利益受到损害之前更关注对方遭受到了多大损失，并且绞尽脑汁给对方设陷。而美国人并不会更多地关注对方的损失程度，而是更看重自己是否盈利。

针对日本人"在自己的利益受到损害之前更关注对方遭受到

了多大损失，并且绞尽脑汁给对方设陷"这一劣根性，西条辰义教授等人将之命名为<mark>恶意行为</mark>。

2020年爆发的新冠疫情，给全球经济生活带来了重创。在此环境中，日本诞生了"自肃警察"和"口罩警察"❶，他们的行为一时成为坊间热议的话题。这些人极度害怕被感染，却穿梭于感染风险较高的街区，遇到"不守防疫规矩"的人们或店铺，便开始恶语相向，充当"警察"的角色。毋庸置疑，这种行为属于"恶意行为"。

"绝不允许他一人受益""绝不能让他抱有一个人好就好的想法"，诸如此般的恶意想法一旦汇集，同辈压力就会在集体中抬头。这一点，是我们首先应该明确的。

来我精神科门诊看病的患者中，也曾有多人坦言："我不认为新冠肺炎病毒是多么可怕的病毒，我也听从政府指令居家隔离、保证不外出饮食，但是当我看到有些人对新冠疫情熟视无睹、照常欢声笑语地在餐馆吃饭时，刹那间怒不可遏，不由自主地对他们怒目而视。"

---

❶ "自肃警察"和"口罩警察"：在新冠疫情期间，日本一部分市民自发当起"自肃警察"和"口罩警察"，每当看到"不守防疫规矩出门"的陌生人，他们或当面指责并报警，或对其拍照上传至社交媒体"公开处刑"。

当然，这种想法也是含有恶意的，即使没有新冠疫情，在公司的大集体中这种情况也屡见不鲜。例如，在前文的论述中，我们提到施加压力的一方抱有"我每说一句话都要察言观色，为什么他就能畅所欲言？我不允许！""为什么他能若无其事地连续休假？即便对工作毫无影响，可那又如何呢！"的想法，就是最好的例证。

日本人很容易受此想法支配，导致日本成为同辈压力的温床。尤其是那些土生土长的日本人，更应该感同身受吧！

相较于提倡个人主义的欧美国家，人们总是用"令人窒息"来形容日本社会，究其原因，同辈压力无疑是罪魁祸首。在此环境中，很多人为了免受恶意行为的攻击，尽可能避免和同辈压力正面对抗，无时无刻不在谨小慎微地活着。

如何在"同辈压力"的大环境中无压工作？

从我们被冠以"上班族"身份的第一天起，同辈压力便如影随行，让我们无处可逃。

由评论家佐藤直树和演出家鸿上尚史共同编著的《同辈压

力:日本社会为何让人感到窒息?》(讲谈社现代新书)中提到:现阶段,还没有将同辈压力一网打尽的特效药。针对此观点,书中还进一步阐述了揭开同辈压力真面目的必要性。

"初出茅庐之人,却如此狂妄自大!""大家都忍着不敢请假,你居然还想着休假!"在发生此类荒谬至极地找茬儿行为时,我们若能在第一时间察觉到这是同辈压力在作祟,就证明我们已经成功地迈出了第一步。

此外,如果你想在集体中尽可能地无压力工作,就要时刻提醒自己:不要总是心怀恶意,也不要随波逐流成为恶意行为的实施者。

当然,为了实现这一目标,切勿与同辈压力的施加者为伍。这也有助于自我防卫。

俗话说:物以类聚,人以群分。居心不良之辈的周围也绝非善类。

像这样的团体可谓无处不在,不仅公司有,社区、PTA(学校—家长联合会)、兴趣班里等也比比皆是。我曾在医院和PTA里看到,臭味相投的几个人在背后对他人指指点点、恶语相向。

但是,是否加入其中,难道不是取决于我们自己吗?

当然,如果在一个又小又闭塞的环境中,不主动加入集体,就意味着要做好形单影只的准备，因此没有人愿意脱离集体。

但是，这些团体表面看起来光鲜亮丽，大家和谐共处、亲密无间，实则其内部成员要承受更为沉重的同辈压力。一旦有人心生脱离之意，就会被认定为叛徒，陷入被群起而攻之的绝境中。

因此，从长远来看，降低外来干涉施压的最佳方法是：不依附于任何团体，保持不即不离的关系。

公司最关注的是：职员能否出色地完成工作。因此，在职场中，没有必要和他人建立亲密关系，也不必天天形影不离。只要能意识到这一点，就不会被同辈压力轻易击垮。

身为一名上班族，我们无权决定自己的所属部门，万一必须和同辈压力较为浓厚的团体一同工作时，很多时候，抱有"被人讨厌又何妨"的心态坦然面对，能有效地抵御同辈压力带来的伤害。

公司判断个人能力的依据是：此人能否为公司业绩添砖加瓦。在这一点上，日本的学校、家长群的判断基准和公司完全相反，相较个人成绩，他们更注重学生是否能和他人和睦相处，是否具备良好的协调一致性（当然，在公司中，如果有人毫无集体观念，经常给他人的工作带来极大困扰，即使业绩非凡，也属于严重的问题）。

只要做到不即不离，
压力便会随之减少

保持不即不离的关系

时至今日，和某企业一位精英人士的对话仍让我记忆犹新，他是这样讲的：我从未想过要和身边的同事步调一致、成为好朋友。如果这件事让我左右为难，我会果断拒绝。我从未试图打破集体中存在的以和为贵，但如果此事让我觉得荒谬无理，我不会强迫自己同流合污。对问题不置可否，我在保持初心的同时不乏有人给我施加同辈压力，但我的想法是：与其有这闲心，还不如想想如何为公司盈利，即便增加1万元的销售额也是我心所愿。

不可否认，可能是因为营业绩效和奖金息息相关的特殊性让这位成功人士有勇气和同辈压力说不。但是，把握好分寸处理职场的人际关系、不要执着于和他人建立真正的友谊、全身心投入到工作，的确可以很好地让自己远离同辈压力的迫害。

可能有人会提出质疑：摆脱同辈压力绝非纸上谈兵，有些工作根本离不开他人的协助；也有一部分人对自己毫无信心，不认为自己可以取得被他人认可的成绩；还有一些人畏首畏尾，想反抗却又害怕被孤立。即便如此，我们也要用自己独特的方式在职场中做到不即不离，和那些有可能带来同辈压力的团体不深交，保持表面的工作关系即可。这些恰恰是我们能够在集体中继续生存下去的诀窍，紧要关头还能成为自我防卫的盾牌。本书的第五章也会介绍如何利用这些诀窍应对职权骚扰和职场霸凌。

身处职场，我们很难彻底消灭同辈压力，但是只要采用我提出的方法来思考问题，就能最大限度地降低同辈压力带来的伤害。

第 2 章 过度紧张
"夜不能寐"是身体发出的危险信号

导致失眠、抑郁的"过度紧张"究竟为何物？

通过和众多商务人士的交谈，我发现近20年来，因过度紧张导致身体不适、引发精神疾病的人越来越多。

所谓过度紧张，是指自律神经中的交感神经陷入了紧张状态。

自律神经可分为交感神经与副交感神经，我们借助这两种神经的相互抗衡，相互协调，达到全身机能的平衡。具体来说，白天我们主要借助于交感神经的工作，来促进心脏跳动，使脉搏速度增加、血压上升，让身心处于紧张状态；相反地，夜晚时分，我们又需要通过副交感神经让身心得到放松，美美入睡。只有让交感神经白天占优势、副交感神经晚上占上风，我们才能更好地平衡紧张和松弛，调节身体的"ON"（紧张工作生活）和"OFF"（休闲放松）。

可是，近年来，二者的平衡关系逐渐被打破，交感神经占上风的时间越来越长，导致紧张焦虑的人数与日俱增。

以我多年的行医经验来看，那些需要心理疏导的患者中，大多是因为过度紧张焦虑导致了身体的诸多不适。

过度紧张的初期症状表现如下。

▼下班回到家，心里还想着工作，心情始终无法平静。

▼白天上班时，公司领导（或同事、客户）说的话直到睡觉前还在脑海中挥之不去。

▼工作堆积如山，总被时间追着跑，做梦都在工作。换言之，就是因心系工作，导致精神紧张、很难彻底放松、经常焦躁难耐，以及莫名其妙地心生不安。

在出现这些症状后，如果不想办法改善，就会出现下述失眠症状。

▼入睡困难，躺在床上翻来覆去睡不着。

▼ 即使睡着了，做梦都是工作，夜里醒来好多次。

▼ 刚入睡又醒来，醒来后又很难再入睡。

像这样一周内反复多次失眠，就要警惕了，或许你离抑郁症只有一步之遥了。当然此时的你，仅仅是陷入了抑郁状态。

▼ 早上起床后浑身乏累。

▼ 无法以饱满的精神状态迎接工作，头脑昏沉。

▼ 工作时，注意力不集中，脑子里一片空白。

▼ 对任何事都不感兴趣，没有什么事情能让自己开心起来。

正在阅读本书的各位，您是否也有过因过度焦虑紧张而辗转反侧，甚至陷入抑郁状态的经历呢？我想，在压力满满的日本社会中求生存的上班族应该都深有体会吧！身为医生的我也"难逃此劫"，曾几度发现自己也出现了过度紧张的症状。以下几类人很容易被过度紧张找上门，应时刻注意。他们分别是：一丝不苟的人、较为敏感的人和追求完美的人。

难以入睡是
过度紧张的标志

IT技术的飞速发展加重了紧张焦虑感

过度紧张在上班族之间恣意横生的原因之一是IT技术的飞速发展。

日本厚生劳动省的一份报告中曾写到：从20世纪90年代后期开始，手机在全国范围内得到了极大的普及，截至2000年，普及率升至52.6%，到2009年已高达91%。同样，互联网的发展也是日新月异，它从20世纪90年代后期开始异军突起，自2000年以后，在拥有100人以上规模的企业中，互联网的普及率几乎实现了100%。

从日本内阁对市场消费趋势的统计结果来看，2020年购买智能手机的消费群体中，20～50岁占比95%～98%。

IT技术让我们的生活发生了翻天覆地的变化，它给我们的工作和生活带来了极大的便利。但IT技术也是一柄双刃剑，它在提升效率的同时，也给我们的身心健康带来了负面影响。

IT技术的引进让我们实现了效率的最大化，可是，与此同时，日常生活中的闲余时间正在不知不觉中流失，只属于我们自己的那一点悠闲小憩也正在被一点点吞噬和掠夺。

例如：我们即将出差或者准备外出和客户谈生意，IT技术能给我们规划出最好的出行、换乘路线。但是我们有没有想过，工作效率的提升意味着我们在各项工作间的喘息之机也在逐渐消失。

日本昭和时期 [1]，人们拜访客户时，需要提前出门，以便预留好充足的机动时间。通常情况下，人们都会提前抵达目的地，并在附近的咖啡店或者公园长椅上小憩，待对方抵达后再开始正式的商谈。如果会谈结束后时间尚早，人们会在回公司之前忙里偷闲，再做短暂休息。如此一来，工作带来的疲惫瞬间被治愈。

此外，在没有手机的年代，一旦有人外出办事，上司也无法掌握其每时每刻的行踪。可是在当今时代，所有人的工作日程都通过网络被公司统一管理。某人此刻身在何方、正在处理什么业务等，公司都一清二楚。"闲余时间"看似是一种浪费，实则是让我们的身心从繁忙的工作中得到片刻休息的有效方法。

不论是谁，如果一直在思考复杂的难题，一直处于剑拔弩张的谈判中，那么持续的紧张心情一定会让其筋疲力尽。

"你能24小时保持战斗吗？"这是日本一家公司为其抗疲劳饮料设计的宣传语。这句话曾在20世纪80年代末、90年代初被广泛流传。在那个年代，人们将长时间工作视为一种美德，当然，不论

---

[1] 日本昭和时期：时间为1926年12月25日—1989年1月7日。

是谁,24小时持续不间断工作都难逃"过劳死"❶的命运! 白领们只能忙里偷闲,在那少之又少的"闲余时间"里缓解紧张和疲惫。

可是在现如今,那一点点缓解紧张的"闲余时间"因IT技术的发展也被无情剥夺,即使来找我看病,也经常被时间追赶,谈话时争分夺秒,迫不及待想重返职场。多数人经常会遇到这样的情况:手头的工作还没完成,新的任务便接踵而至,悠闲地享受午休时间简直就是奢望。不可否认,减少那些耗时长、无意义的开会和加班的确能够提升工作效率,但是IT化的高效管理让工作业务高度集成化之后,人们从早忙到晚,毫无喘息的时间,高度紧张和焦虑也随之产生。

"ON"和"OFF"的界限逐渐模糊

"闲余时间"的消失并非是引起过度紧张的唯一原因。

随着互联网技术的发展,我们能和地球另一边的人随时联系,24小时无间断地接收各种信息。这也意味着,理论上我们

---

❶ 过劳死:因为工作时间过长,劳动强度过重,心理压力太大,从而出现精疲力竭的亚健康状态,由于积重难返,会突然引发身体潜在的疾病急性恶化,救治不及时而危及生命。

能在任何时间、任何地点完成工作。

只要身边有一部智能手机或一台电脑，就能打破地域、时间上的限制，和上司、部下、客户取得联系。

如果一旦选择在外企工作，那么凌晨或深夜与地球那一边的客户开会根本不足为奇。

上述这种情况就表明"ON"（工作）和"OFF"（休息）的界限已经被模糊化。

智能手机、电脑等设备的出现，让"ON"和"OFF"混为一谈，越来越多的人即使在夜晚和节假日也被工作"绑架"，很难实现身心的彻底放松。

这些人都出现了头疼、头晕、心悸、深夜接完领导的电话后很难入睡等症状。下述是他们的亲身经历。

▼升职为区域经理后，我统管总公司旗下所有店铺，即使是在周六日，电话也从未停歇，享受一个人的美好时光成了天方夜谭。每当我听到电话铃响，心脏都怦怦直跳，久而久之，演变成了心慌、心悸。

▼公司领导没有时间观念，总是在深夜或节假日期间给我发邮件。每次领导都会写：这件事是我突然想起来的，我怕

自己遗忘才发给你，所以待你时间方便时回复即可。可是身为下属，当然不能让领导久等，总是尽己所能第一时间回复。最近，因为新项目的启动，领导发来的邮件堆积如山，全部回复完已是深夜，睡眠不足成为家常便饭。每当有新邮件提醒，我总会变得焦躁不安，翻来覆去睡不着。

▼进入外企工作后，在深夜或凌晨开会已变得司空见惯。可是，开完会的我睡意全无，根本无法继续入睡，长期的睡眠不足导致我头疼的老毛病持续恶化，白天工作时，失误率明显上升。

上述内容是"ON"和"OFF"界限逐渐模糊化的典型案例。

SNS带来了意料之外的压力

近20年来，社交网络服务（SNS）广泛普及，实现了随时随地的无障碍沟通，使用人数与日俱增。

事实证明，SNS的广泛使用也是引起过度焦虑和紧张的一个因素。

通过 SNS 进行的交流有别于面对面的交谈，因为我们无法看到对方的表情、听到对方的声音，所以再小心翼翼也会产生误解。

大家是否有过这样的经历：前一秒还觉得志同道合、相见恨晚，下一秒就恶语相向、互删好友了。

▼ 就某则新闻，我发表了自己的看法。令人惊讶的是，立刻遭到了持有反对意见者的攻击。我们互不服输、妥协，僵持的局面一度让我烦躁不安，甚至彻夜难眠。

▼ 我抱着鼓励对方的初衷，留言道："或许你顾虑太多了，放轻松，无欲则刚。"可令我没想到的是，对方居然大怒道："你居然说我顾虑太多？你是想说我有被害妄想症吗？"备受震惊的我在那一晚恍恍惚惚，做什么事都心不在焉。

有时，当我们看到别人在朋友圈发一些值得高兴的事情时，压抑在体内的负能量可能会瞬间释放。

▼ 有一次我因工作失败，整天无精打采，无意中在朋友圈看到朋友升职的信息，瞬间觉得自己一无是处，那天晚上，我辗转反侧，内心久久不能平静。

因使用SNS,
被卷入意料之外的纷争中

唉! 今天在工作中又
犯错了

点赞了甲的留言

今天这件事你也
难逃其责!

▼一个人居住的时候，总是倍感孤独，打开 SNS，如果映入眼帘的都是朋友们欢聚一堂、谈天说地的合照，那种孤独感瞬间会成倍增长。

夜晚来临，应该是副交感神经占据上风的时刻，终于可以释放一天的疲劳、开启娱乐休闲模式的我们，却因为这些负能量以及暴躁不安的情绪让身心立刻恢复到警备状态。宝贵的休息时间被无情掠夺，睡眠质量也急转直下。

反观以前没有手机的年代，人们下班回到家后，和外界唯一的联系仅是一台座机，如果不是至亲打过来或者有十万火急的事，电话铃声绝不会在夜晚响起。

从小我的父母就教导我：绝不能深夜给他人打电话。

现如今，随着 SNS 的普及，即使在夜晚，也能和他人对话交流。于是，本应该宁静的夜晚被喧嚣取代，我们的身心也很难得到彻底的放松。

长时间使用电脑和手机影响身体健康

请问你每天有多长时间是在和手机、电脑为伴呢？

如果这些智能设备已成为你生活中不可或缺的一部分，并且占据了你大部分的时间，那么你要注意了，它们可能正在悄悄吞噬你的身心健康。

谈到如今的职场，想必大部分人的工作模式都是，坐在办公桌前用电脑完成相关业务吧。而且多数人会在上下班的路上、上班休息期间玩手机。

因此，很多人患上了VDT综合征（Visual Display Terminal，VDT）。

VDT综合征是指因长时间面对电脑、手机等智能设备，引起眼疲劳、肩痛、头痛、腰痛、倦怠感、眩晕等不适症状。

长时间使用智能设备会影响血液循环，也会让肩膀、头部、上臂、背部的肌肉变得僵硬，若放任不管，就会积劳成疾。

此外，长时间、近距离地紧盯屏幕，眨眼次数就会相应减少，视神经的过度疲劳会引发眼干、眼涩。

长此以往，眼痛、头痛、腰痛、背痛、眩晕等症状就会给工作带来不便，继续放任不管任由其恶化便会引起失眠、浑身无力、发热、焦躁不安，甚至身患抑郁症。

日本厚生劳动省在2018年的调查显示，使用智能设备后引起身体疲劳及其他症状的人高达68.6%。出现各类症状的比例分别是：眼疲劳、眼干眼涩占90.8%；头痛、肩痛占74.8%；腰酸腰痛、背酸背痛、头痛各占20%（多次调研的结果）。此外，使用智能设备后感受到精神压力的人占34.6%。

正在阅读本书的您是否也出现过上述症状呢？

那么如何预防智能设备带来的身体不适和心理压力呢？

其实，日本厚生劳动省早在2002年就对电脑等智能设备的使用时间和方法给出了指导性标准。

▼ 每次工作时间不超过1小时，每隔1小时休息10分钟到15分钟。

▼ 根据实际的工作情况安排小憩时间，避免连续工作。

▼ 为了预防腰酸背痛，请勿长时间保持一个姿势。

但真正能做到的上班族可谓寥寥无几。

我曾和我的病人们说："从事和IT相关的工作时，更需要遵守指导性标准，每隔1小时就要休息几分钟。"而他们的回答都是："如此频繁地离开电脑，还怎么开展工作？""如果全神贯注地做某件事，即使是3个小时也转瞬即逝。"

指导性标准中提到的"休息时间"并不是什么都不做、放空自我，而是可以做些如离开电脑、起身整理文件或者一些别的工作。为避免长时间无间断地使用电脑，从现在起，让我们行动起来吧！

当然，如果在"休息时间"玩手机，那么这一切将变得毫无意义。起身后，简单地伸展活动下身体，或者在办公室走几圈，都能促进血液循环。

另外，如果在午休和上下班的路上尽可能不看手机，也能预防VDT综合征，缓解过度紧张。

学会放松，缓解过度紧张

若想应对过度紧张和VDT综合征带来的各项危害，最简单的方法是：让副交感神经占上风，有意识地创造放松时间。

正常情况下，让身心紧张的交感神经和让人放松的副交感神经相互抗衡、相互协调，才能达到全身机能的平衡。但是，过度的紧张焦虑会让交感神经一直处于兴奋状态，导致身体的调节能力失衡。此时，就需要有意识地刺激副交感神经。

我将让副交感神经兴奋起来的时间称为"放松时间"。对于那些容易紧张焦虑的商务人士，可以按照下面的方法制造"放松时间"。

（1）制定只属于自己的"睡眠日"

很多时候，工作和家庭生活的繁忙让我们焦头烂额，随之就会产生睡眠不足的问题。如果对此问题放任不管，任何放松方法也无法让自律神经恢复正常。因此一旦发觉过度紧张焦虑来到了你身边，首先要制定属于自己的"睡眠日"。

"今天我的任务就是好好睡觉！"一旦下定决心，就要尽力实现。不着急的工作不妨暂时搁置，家务活也不必强求。总之，天大地大睡觉最大。

如果"心系工作，确实想睡又睡不着"，又或者"即使睡着了，半夜总是醒"，长期出现类似失眠症状的话，无须默默忍耐，可以去医院开一些处方药，或者去药店买一些辅助睡眠的保健品。

本书的第10章会详细介绍改善睡眠、放松身心的方法。

（2）回家后，远离手机

工作繁忙的时候，身心的紧张度也会比平常高。回到家后，要有意识地让自己远离手机等智能设备。因为SNS或者手机游戏可能会让焦虑情绪雪上加霜。

如果今天的工作让一个人精疲力竭，那么他很可能会在SNS上抱怨："唉，今天又被客户投诉了，万念俱灰啊。"如果有人回复"证明你实力欠佳、无法应对自如"，岂不是伤口撒盐，更加重了其焦虑感？

另外，长时间一动不动地玩手游，会让人眼花缭乱，引发眼疲劳、腰酸背痛等症状。

尽可能不看手机是制造"放松时间"的前提。

（3）偷懒不做家务

想要和过度紧张抗衡，就要学会放下一切，优哉度日。

家务活能省则省，可以窝在沙发里听听音乐、看看杂志，也可以和家人或好友谈笑风生、倾诉衷肠。

当然我也不例外，除了工作，回到家我还要洗衣做饭、干家务。但是，如果哪天我感到焦躁不安，我就会买一些饭菜半成品或者直接去外面吃，想方设法为自己创造一些"放松时间"，通过泡澡、在沙发里闭目养神实现身心的彻底放松。总之，伸展筋骨、放松心情是缓解焦虑的精髓所在。

如果你深感压力，
可以偷懒不干家务哦！

（4）终止那些容易带来焦虑的学习

学习这件事，和工作一样，也能带来紧张、焦虑感。因此，一旦出现过度紧张的症状，及时终止方为上策。

例如，我在工作之余还报了英语和绘画班，但是，当我处于疲惫不堪的状态时，绝不会强迫自己去上课。当然，也有一些课程能让人轻松愉悦（例如：瑜伽、游泳等）。

总而言之，神经过度紧张时，首先要考虑用睡觉来缓解，因此回到家后，切记不要晚睡。

（5）休息日不约见，不远行

在周末，如果你感到身心俱疲、精神紧张，切记不要和让你感到拘谨的人见面，也最好远离人群喧嚣之地，并且尽可能地不要远行。只需按照自己的节奏、悠闲自得地度过就好。

如果你和他人相约一起去游玩，就必须遵守集合时间和出发时间等，此时，交感神经就会占据优势，提升紧张感。

如果非常想外出游玩，可以选择近一点的地方，相关日程也不必安排得非常紧凑。随心所欲地游玩何尝不是一件美事呢！

第 3 章

变化带来的压力
接二连三的好事也能导致压力

所有变化都能转变为压力

无论是在工作中还是日常生活中，发生在我们身边的任何"变化"都可能转变为压力。

例如：单纯的气温变化就会给身体带来负担。一天之内，温差超过5度，自律神经就会遭到干扰，尤其在早春、入秋等季节交替之际很容易生病，早晚温差大便是罪魁祸首。这种现象被称作"温差疲劳"。

人类通过自律神经维持体温恒定。人类在温度高的环境中就会自动排汗，通过毛细血管的扩张来散发热量，以防体温过高。相反，人类处于寒冷的环境中，出于本能的反应会瑟瑟发抖，这也是人体的一种自我保护，它能促使肌肉不断地运动。此外，血管的收缩也会让我们的肌肉僵硬起来，从而达到保温的效果。如果温差变化大，自律神经就不得不像上述这般反复调整，精疲力竭之后必然会出现紊乱。

温差疲劳会引起肩痛、腰痛、头痛、眩晕、食欲不振、便秘、腹泻等身体问题，也会引发焦躁不安、心情低落、失眠等精神疾病。归根结底，这些问题都源于自律神经的紊乱，而这些症状和前文中提到的过度紧张的症状极为相似。

在工作中，因事物变化引发压力的案例也比比皆是。

有因为被上司责骂、业绩下滑、工作频频失误、人际交往危机等让人苦恼烦闷的变化带来的压力，也存在因顺利就职、晋升等让人喜上眉梢的变化带来的压力。关于前一项，想必我们所有人都感同身受，而后一项带来的压力却因极度喜悦往往容易被忽视。可事实证明，那些让人欣喜万分的变化同样也能引发压力。

人类不论遇到何种变化，身心都会本能的出现紧张或警惕的反应，虽然这种反应有大有小，但是都会耗费一定的体力和心力。

例如：你因为人事调动，来到了一个新的部门。面对新领导、新同事，刚开始当然要小心翼翼。因为身边的环境也和之前大不相同，你在完全熟悉工作流程、工作内容，甚至是新的桌椅板凳之前，紧张感会一直伴随你左右。如果上班地点也发生变化的话，还要熟悉新的上班路线，如此一来，想必每个人的心境都会发生变化吧！

当我们小心翼翼的时候，自律神经中的交感神经就会比平常更加活跃。此时，人体内就会分泌肾上腺素和去甲肾上腺素，导致血压、脉搏、体温上升，肌肉紧绷，以及脑活跃度提升。关于这一点，医学界早有论证。而且，如果让这种状态长久持续下去，就会引发前文中提到的过度紧张和焦虑。

即便是人生喜事，也要提防压力的侵袭

除工作外，日常生活中发生的变化也能导致压力的产生。让人苦闷的变化导致压力自然不言而喻，可是诸如"子女顺利毕业、升学"等喜上眉梢的变化同样也摆脱不了压力。

那么，"人生大事"究竟能带来多大压力呢？ 1967年，美国心理学家霍姆斯和拉赫以在日本知名企业上班的1630名职员为对象，展开了调查。受试者需要给各项人生大事带来的压力打分，满分为100分，其结果如下表1-1所示。

表1-1　人生中的重大事件打分表

排名	人生中的重大事件	分数	排名	人生中的重大事件	分数
1	丧偶	83	16	朋友去世	59
2	公司破产	74	17	公司被收购	59
3	家人去世	73	18	收入减少	58
4	离婚	72	19	人事变动	58
5	夫妻分居	67	20	劳动环境发生巨大变化	55
6	跳槽	64	21	调动	54
7	生病或受伤	62	22	人际关系	53
8	因忙碌导致过劳	62	23	法律纠纷	52
9	负债20万以上	61	24	负债20万以下	51
10	重大工作失误	61	25	和上司关系不和	51
11	改行	61	26	因提拔导致的调动	51
12	独自去外地工作	60	27	子女离家上学、工作	50
13	降职	60	28	结婚	50
14	家人健康和举动发生很大变化	59	29	性障碍等问题	49
15	公司重整	59	30	夫妻吵架	48

续表

排名	人生中的重大事件	分数	排名	人生中的重大事件	分数
31	新增家族成员	47	43	居住环境发生巨大改变	42
32	睡眠习惯发生巨大改变	47	44	裁员	42
33	和同事关系不和	47	45	社会活动的巨大变化	42
34	搬家	47	46	职场的 IT 化	42
35	房贷	47	47	家族成员发生巨大变化	41
36	子女升学考试	46	48	子女转学	41
37	怀孕	44	49	轻微违法	41
38	和顾客间的人际关系	44	50	同事升职	40
39	工作量减少	44	51	科技的进步	40
40	退休	44	52	工作量增加	40
41	和部下发生争执	43	53	自己升职	40
42	埋头工作	43	54	配偶辞职	40

引自：夏目诚、村田弘 . Bull. Inst. Public Health, 42(3): 1993 部分发生改变

从上表我们得知，丧偶、公司破产位居第一、二名，这一点毋庸置疑。可令人意外的是，子女离家上学、工作、搬家、子女升学考试带来的压力居然在结婚压力之上。

如果上述人生大事在短时间内接二连三地发生，计划之外的巨大压力就会在不知不觉中找上门，这一点需要我们格外注意。

春天是一个让人们因事物变化饱受压力之苦的季节

四季中，春天是最让人们因事物变化饱受压力之苦的季节。

提及春天，我们总是有这样的感觉：气温的上升驱散了冬天的寒冷，微风拂面让人神清气爽。但事实证明，春天的天气变化也是最剧烈的。当我们沐浴在暖洋洋的日光里感叹着温暖的日子终于来临时，冷空气的突然袭击又会让我们防不胜防。乍暖还寒的春天也让我们的自律神经被迫超负荷工作。

加之，对日本的公司和学校来说春天都意味着新一年的开始。在这个季节里，人们总是面临升学、毕业、就职、人事变动、换工作、搬家等重大变化。

一换工作就需要搬家，两件大事的重叠会让人在万事稳定下来前焦躁不安。这种因换工作、搬家导致的"搬家抑郁"也是精神科医生经常会遇到的疾病。

如果工作调动恰逢子女的毕业升学，也会给身体及精神带来沉重压力。

除此之外，因新人加入、换领导、关系好的同事被调离等变化打乱了生活节奏，也会导致压力的产生。

新员工或入校新生在"五一"黄金周的连休后经常会出现精神萎靡的"五月病"，归根结底，源于这些人经过春季找工作及升学压力的洗礼，身心受到了极大的损耗。但承受春季变化之苦的人绝非只有新员工或入校新生，请看以下两则实例。

（1）子女升学恰逢自己升职的30多岁女性

孩子刚中考完，4月我又被晋升为主任。为了不辜负领导的期望，工作上我兢兢业业，还不忘悉心教导下属。同样，生活中我也不敢有丝毫松懈。孩子升入重点高中后，为了全力支持孩子学习，我每天要早起准备便当。此外，因被选举为家长代表，每周六日还要去学校开会、帮忙。"五一"黄金周后，疲劳感并没有缓解，某日早上，我突然出现头晕目眩以及耳鸣的症状，甚至无法自行走路。被紧急送往医院后，经耳鼻喉科医生的会诊，被诊断为压力性"梅尼埃病"，并住院观察。

女儿升高中

自己晋升主任

做便当

当选家长代表

教导下属

（2）只身前往东京总公司的40多岁男性

4月份，我从地方分公司被调往心驰已久的东京总公司。但是起初几年不能带家属，待儿子高中毕业后才能结束只身一人的赴任。为了能在总公司干出业绩，我废寝忘食地投入到每天的工作中。例如：为了做好客户的维系工作，我每天要多次奔波于客户和公司之间。此外，为了尽快熟悉新环境下的人际关系，我积极参加同事间的各种聚餐。同样，我也十分重视家庭生活，为了能在周末和家人团聚，周五下班后才能出发的我，到家已是深夜，周一早晨再赶回东京，这样的剧目每周都要上演。但是，自从进入梅雨季节后，我发现身体的倦怠感日益加剧，终于有一天因为疏忽导致了工作失误，并被领导予以警告。自此之后，每当夜幕降临，总会不由自主地想工作上的事，并且辗转反侧难以入睡，一段时间后竟导致失眠。一想到第二天还要继续去公司上班，就会心跳加速、冷汗直流，甚至多次促发呕吐。去精神科就诊后，被告知患有因过度劳累和巨大压力导致的睡眠障碍和适应障碍，最终被迫停职休养。

从上述介绍的两则实例来看，两人的职场生活都在春季发生了巨大的变化，他们为了平衡工作和家庭生活，一直故作坚强，殊不知身体早已在不知不觉中超负荷运行，"五一"黄金周身体稍一松懈，积存已久的疲劳便在瞬间爆发。由此我们也可得知，"五月病"不是新人的专属"福利"，驾轻就熟的职场老手也会中招。

当周边环境发生变化的时候，切记不要逞强，要有意识地采取对策预防过度紧张和焦虑。还有一点很重要，那就是：面对已发生的变化，不要人为地再增加变化。例如：你刚得知要被调到其他部门，一切都还没有稳定下来，就心血来潮报了几个学习班，并开始减肥。如此一来，变化带来的压力就会成倍增长。正确的做法是：待完全适应了新部门的工作节奏后，再去报班和减肥。

第 **4** 章 | **追求高效的压力**
效率最大化引发的过度劳累

相较人际关系带来的压力，工作本身就是压力

2018年，日本厚生劳动省面向上班族，做了"职场中有什么让你倍感压力"的问卷调查。排名第一位的是：工作的数量和质量，高达59.4%；其次是工作的失误、追责，占比34%；排名第三的是人际关系（包括性骚扰、职权骚扰），占比31.3%。

但是，在2000年之前，人际关系带来的压力曾在很长一段时间里位居榜首。从2000年之后，排名才渐渐发生变化，越来越多的人感受到了来自工作数量和质量的压力。

我作为一名企业职工的健康管理医生，多年来，听到了太多诸如"人手不足是我们面临的最大挑战""工作量大，总是完不

成"的声音。

▼ 就那么几个人应对生产现场，如果一切顺利还能勉强应

对，一旦出现问题，根本不能按时完成工作。

▼ 即使只有一个人请病假，也没有人能顶替他的工作。因为

每个人的工作量实在太庞大了，根本没有多余的精力来帮

助他人。

为此苦不堪言的员工我见得太多了。

此外，越来越多的人也承受着工作质量带来的压力。

▼ 为了提升团队的业务水平和绩效，领导总是不断向下施

压。导致我夜不能寐，满脑子都是工作。

▼ 工作方式的全面改革对加班的管控更为严格，因此只能在

短时间内完成所有的工作。经常被时间追赶的我痛苦不堪。

日本对工作方式全面改革后，明令禁止长时间工作，但是工

作量并未有丝毫的减少。因此，越来越多的人感到"心有余裕"

的那份从容正在逐步消失。

所有人都在满负荷工作

接下来，简单介绍一下出现这种情况的背景。首先，随着劳动人口的减少，劳动力严重短缺，分摊在每个人身上的工作量就会有所增加；其次，随着经济全球化的不断推进，日本本国企业正面临着更为严峻的挑战，因为其竞争对手不仅局限于日本国内，还有大量的国外企业；最后，伴随IT技术和AI（人工智能）水平的不断提升，职场中简单的工作和机械性的重复工作逐渐减少，对上班族的职业技能也提出了更高的要求。

因此，很多人感受到了如下压力。

▼公司引进了新的管理系统，在很大程度上提升了工作效率，也减少了不必要的人工操作，但是节省下来的时间都用来开会或制定工作计划、公司战略。这些工作经常需要大脑急速运转，让人疲惫不堪。

▼从前，我只是一名派遣工，主要负责一些文件的录入，有时也会兼任助理，这些工作内容都是非常简单的。可是自从转正后，需要我自主判断的工作越来越多，压力也随之增大。

录入数据、包装产品、组装零件都属于无须动脑的简单操作，日复一日地从事这些工作，也许会产生"无聊""厌烦""毫无意义"等消极想法。但事实证明，当我们心无旁骛地投入到这些简单作业中时，大脑能够得到充分的休息，也不会产生巨大的精神压力。

例如：只是单纯的装订资料、往电脑里录入数据，或者将商品摆放到货架上，都不需要复杂的思考。这些工作只需按部就班地完成即可，因此几乎不会产生精神压力。换句话说，就是心理和精神都比较轻松。

当我们正在因为工作内容的简单而感到无聊和厌烦时，殊不知那些高强度的脑力活动者正在重压之下负重前行。更有甚者，精神已趋于崩溃。

随着IT技术和人工智能的发展，生产效率得到了极大提升，但同时也剥夺了人们精神上和时间上的那份悠然自得。

我们孜孜以求的业绩有时会让人痛苦不堪

很多上班族经常被时间追赶，渐渐地丧失了内心深处的那份从容与悠闲。究其原因，和集体中存在的"成就压力"有关系。

身处职场，公司不仅考核个人与团队间的合作能力，还十分注重个人的业绩成果。这一点正是"成就压力"产生之所在。

从公司层面上来讲，你的工资要和你创造的价值相匹配。也就是说，工资越高，你所创造的价值就必须越多。

在公司这个大集体中，个人所承受的"成就压力"和学生时期有着本质的区别。学生时代，不论是在学习生活中还是在各种社团活动中，只要不产生纠纷就万事大吉。至于是否全身心地投入学习或者在体育方面成绩突出都以个人的意志为准。即使学习成绩和体育成绩都不突出，也无伤大雅，更不会被学校驱逐。

过去的日本企业推崇年功序列制❶和终身雇佣制，不像如今这般提倡成果主义。

在那个年代，从毕业进入公司一直干到退休可谓司空见惯。工资随着年龄的增长而增长，只要不犯原则性错误，基本上可以在一个公司度过大半生。即使无缘升职，也能保证不丢工作，每年还能涨工资。

---

❶ 年功序列制：日本企业按职工年龄、企业工龄等条件，逐年给职工增加工资的一种工资制度。认为年龄愈大、企业工龄愈长，技术熟练程度就越高，对企业的功劳也就越大。特点是：工资按年龄、企业工龄和学历等因素决定，与劳动的质量没有直接联系。

因此那个年代的公司职员能感受到的最大压力是"同辈压力"，"成就压力"基本不存在。而且，很多人和同事、上司、下属之间的关系不是亲人、胜似亲人。

但是，泡沫经济和金融危机的相继爆发，导致日本经济在很长一段时间里一蹶不振。在这种大环境中，以年功序列为基础的终身雇佣制很难再有立足之地，逐渐地走向了灭亡。

20世纪90年代，年功序列制趋于瓦解，从2000年开始，工资与绩效挂钩的新型报酬体系诞生了，追求"成果主义"一时间成为热潮。

成果主义主张：以业绩好坏定薪酬。这极大地提高了员工的积极性，以致在同一个团队内也产生了激烈的竞争，最终提升了整个公司的销售业绩。

负面影响是：首先，如果业绩上不去，工资就得跟着下降，降职和被裁员很可能接踵而至；其次，公司再也不像一个大家庭，人情变得淡薄、冷漠，当然身处其中的公司职员们也不能像以前那么放松了。

东京经济大学的安田宏树教授在2008年的调查研究中提出，工作压力日趋增大的主要原因有以下几点。第一，工作时间长；第二，工作业绩的考核更为严格；第三，以业绩定薪酬，导致工资差距逐渐被拉大。

安田教授继而论证：因为公司对业绩的重视，给个人带来了沉重的心理负担，导致各类身心疾病的出现和工作积极性的降低。

犹记得，当我刚成为一名企业职工的健康管理医生时，长时间工作已成为社会常态。2019年《日本劳动方式改革相关法案》颁布，虽然明令禁止长时间工作，但丝毫未减轻"成就压力"带来的影响。

因为对于每一位上班族来说，加班虽然被禁止，但工作量丝毫未变，想要提升业绩，就必须在最短的时间内高效完成工作。

不要轻易被"成就压力"压垮

面对"成就压力"，我们该如何应对？

不论我们对工作抱有何种成见，大部分人都不敢和上司提出以下几点请求。

▼我的工作量实在太大了，请给我减少一些吧！

▼我负责的业务责任重大，让我倍感压力，请给我换一份轻松的工作吧！

▼我想在紧张的工作之余享受片刻的轻松，因此请减少我的工作量。

▼对于您期望的业绩，我毫无自信，因此请降低对我的要求。

但是，如果从事的工作已经严重损害了身心健康，请勿犹豫，一定要勇敢地说出来。你的上司、公司内的劳动卫生管理者❶、保健师、职工健康管理的专业医生都是很好的倾诉对象。

如果出现下述焦虑症状，"瞻前顾后"和"闭口不言"一定会带来严重后果。

▼下班回家后，满脑子都是工作上的事，入睡困难。

▼即使睡着了，做的梦也都和工作有关，频繁夜醒。早晨，

---

❶ 劳动卫生管理者：为保障劳动者权益、防止劳动伤害的出现，《日本劳动安全卫生法》规定超过50人的企事业单位必须设置通过国家考核并拿到资质的卫生管理者。此外，超过50人规模的企业也必须设置职工健康管理医生。医生和保健师会站在专业的角度上，维持并改善员工的身心健康。

离上班时间还早，可是一旦睁眼就再也睡不着了。

▼起床后，疲劳感丝毫未减，倦怠感不减反增。

▼头晕、肠胃不和（腹痛、胃痛、严重腹泻或便秘、呕吐等）、心悸、严重头痛等。

▼经常被工作追赶，忙得不可开交，时常焦躁不安。严重时和同事起冲突。

▼对工作的厌恶感和抵触感与日俱增，上班期间惆怅不已。

▼无法专心工作，失误频频，工作效率明显下降。

如果公司里没有可倾诉的对象，请去心理科或精神科接受治疗。这些科室的医生可以根据病人的真实情况开具诊断证明，医生提出的"减少工作量、取消加班"的建议能够帮助病人顺利调岗。

当身心健康出现问题的时候，首先要让身体得到彻底的休息或治疗。如果放任不管、故作坚强地继续坚持，一旦患上抑郁症、睡眠障碍、压力性胃溃疡、头晕目眩等疾病，就要真的停职休养了。

痛苦不堪时，我们该何去何从？

很多时候，虽然身心健康并未受到严重损害，事态也没严重到必须和上司、医生协商的地步，但是，仍然有很多人能感受到诸如"辜负领导的期待，未能达到预想的成果，让人痛苦不堪""工作内容和工作职务带来的压力太大""工作量的不断增加令人头疼"的"成就压力"。

每当我的病人向我倾诉"成就压力"的痛苦时，我会给他们三个建议。

（1）人生漫漫，远离焦虑

越是做事认真、严于律己的人越重视公司的各项要求和期望。但是，大家要明白：我们还有很长的人生路要走，不是所有人都能在工作上一帆风顺、硕果累累，因此要学会宽恕自己，用长远的眼光去看问题。

"算了，大概每个人都会经历工作瓶颈期吧"，只有以正确的心态直面问题，才不会被"成就压力"击垮。我们需要做的就是：每天按时上班，认真完成领导交给自己的工作。

曾经有一次，一个员工愁容满面地找到我，诉说了他因业绩平平而痛苦万分的经历。当我将其情况反映给人事时，却得到了这样的回答："不可否认，这位员工的确无业绩可言，但是他足够认真和努力，从长远来看前途无量。"

这样看来，虽然公司大力倡导成果主义，但更期望自己的员工都能保持健康，并且恒久不变的认真工作。

即便有人能在短时间内大幅度提升业绩，但是以牺牲健康为代价的业绩提升毫无意义。因为一旦身体出现问题，就不得不请假休息，反而给周围同事和公司带来了更多困扰和麻烦。

（2）请勿和身边同事攀比

很多时候，因为攀比，我们才会对自己的业绩耿耿于怀，整天闷闷不乐。

▼你看他，这个季度的销售业绩又名列前茅，反观自己，一直在下降。

▼我的下属获得一份大订单后，受到了公司的表彰，而我作为他的上司却业绩平平，真是无地自容啊！

来找我倾诉的企业员工中，就有很多人因为攀比深陷"成就压力"的泥潭。

不要和身边的同事攀比

和我一起进入公司的同事A升了职

和我一起进入公司的同事B受到了表彰

幼儿园

因此，我认为攀比才是"成就压力"的真正元凶。

有时，明明自己和他人的工作性质完全不同，根本没有可比性，可还是忍不住攀比。

学生时代，所有人回答一份试卷，通过分数高低决胜负。但公司和学校不一样，每个人的工作内容都有所差异，而且一个项目往往需要大家齐心协力才能完成。

如果你从事的是和销售相关的工作，就应该有过这样的体验：原本一帆风顺的某一项目，因客户公司突然改变经营方针和策略，导致此项目未能达到预期的效果，前期的努力都付诸东流；相反，有时不付诸任何劳动却获得了意料之外的订单，可谓是无心插柳柳成荫。除此之外，换一位领导反而能提升业绩的案例也不胜枚举。

综上所述，我们可以得知：和他人攀比实则毫无意义。

（3）你是否也在工作中不懂得放手，万事亲力亲为呢？

"工作量太大了，每天都在被工作追着跑。""源源不断的工作怎么做也做不完，让人烦躁不堪。"如果你经常为此苦恼不已，那么就需要重新审视自己的工作方式了，是否万事都亲力亲为、不懂得放手呢？

来找我面谈的人当中，一半的人都是因为万事亲力亲为才导致加班时间居高不下。

工作上事必躬亲的实例有如下几种。

▼本来有些工作可以交给下属来做，但总是抱有"自己亲力亲为的话，速度又快，准确率还高"的想法，导致工作堆积成山。

▼为了和已有客户保持良好的合作关系，即使客户提出一些与合同条款无关的需求，也只能无奈答应、无偿提供服务，无形中又增加了工作量。

▼每天不对下属完成的工作从头至尾一一确认就无法放心。

▼有些工作内容其实走个形式就可以，可偏偏要按部就班地认真完成，结果浪费了很多时间。

如果员工们都事必躬亲、不能掌握工作的"度"、无法减少加班时间、超负荷工作的话，对于整个公司而言，其实是一种潜在的劳动用工风险。

如果放任不管，长时间的超负荷工作很可能引发过劳死等重大工伤事件。此外，2019年日本推行的劳动方式改革也明确规定：对于那些私自安排员工加班，并且加班时间超过国家规定的企业予以处罚。因此，如果你正在被堆积如山的工作摧残着，请汇报领导或人事部，及时调整工作量。

第 5 章　人际关系的压力
近在咫尺的职权骚扰

日渐复杂化的人际关系带来的压力

在第四章我们曾提到，相较人际关系带来的压力，工作的数量和质量引发的压力后来居上、位居榜首。但不可否认的是：当今社会，很多人正饱受人际关系带来的压力之苦。

如今，职场中存在的职权骚扰和性骚扰便是人际关系压力的典型代表。

2019年5月日本颁布了《反职权骚扰管理条例》(《劳动施策综合推进法》修正案)。此法律的颁布为员工在职场中免受职权骚扰提供了法律依据。

职权骚扰有以下6种模式。

（1）**对身体的攻击**：敲、打、踢等暴力行为；粗暴地扔东西砸人；将书等物品砸向墙壁，同时展开言语攻击。

（2）**对精神的摧残**：当着所有同事的面，大声叱骂；发送侮辱性邮件，并抄送给其他同事；长时间、反反复复辱骂；使用"笨蛋""混蛋"等侮辱性词语；"你怎么还不主动辞职！""当心炒了你！"像这样来威胁员工；通过诸如"说你是'人渣'一点儿也不过分""简直一无是处"的谩骂来损害他人名誉，侮辱他人人格。

（3）**故意排挤**：联合其他同事共同排挤某个人，让此人搬出办公室，一个人在单独的房间里办公；强制命令此人在家待命，不得来公司；不许此人参加公司的任何会议、活动；让大家无视此人的存在，不得与其说话。

（4）**要求过于苛刻**：对工作的苛刻要求超出了员工的能力范围；给予某个员工远超他人的业务量；即使犯一个小错误，也要写检讨，并向全公司通报。

（5）**要求过低**：工作被剥夺；大材小用。

（6）**侵犯他人的正当权益**：当他人休年假时，对休假理由刨根问底；不允许休假；发表不恰当言论；利用职权介入他人私生活。

过去这些年，为了杜绝职权骚扰，各大公司都加强了对管理层的培训。领导们肆无忌惮的粗暴言行已然销声匿迹。尽管如此，员工们对职权骚扰的投诉仍旧络绎不绝。

很多时候，领导们并不认为自己的所作所为属于职权骚扰，殊不知自己无意识说过的话已经深深刺痛了下属的心。

以下几个实例是我多年来的所见或所闻。

▼ "不论我强调多少次，你仍犯同样的错误，你真的毕业于名牌大学吗？"

▼ "这次你又没完成指标！你这么不思进取，真的让所有人都失望透顶。"

▼ "你的汇报里为什么只有数字？你是小学生吗？工作的时候能不能动一动脑子？"

▼ "我在你这般年纪的时候，如果像你这么工作，早就被公司辞退了。现在的年轻人啊，真的是被娇纵坏了！"

▼ "你天天除了会承认错误还会干什么？借口倒是一大堆，结果什么都解决不了。"

从上司的角度看，他所说的一切都是为了激励那些不思进取的下属能够更好地完成工作。但事实证明，过分严苛的言语会让被斥责一方的自尊心受到伤害，反而会适得其反。

我想，不论是谁长期生活在语言暴力中，都会产生压力，继而引发身心疾病吧。

此外，上司的下述行为也是引发员工身心产生疾病的原因。

▼上司对员工的一个失误纠缠不休，几次三番地严厉警告，给员工带来极大精神压力。

▼上司以发邮件的形式批评员工，不仅发给当事人，还发给部门里的其他人。

▼全盘否认员工的工作和提议，并且拒绝给出合理解释。

还有一种情况是：因间接遭受了职权骚扰，引发了心理疾病。具体而言就是，身边的一位同事遭到了严重的职权骚扰，领导带领其他同事共同排挤、欺负他，自己因为太害怕只能袖手旁观，每一天都对自己的无能为力深感自责；领导经常大发雷霆，每当听到领导的责骂声，心跳总会加速，渐渐恶化为心悸。

决不能姑息纵容职权骚扰

如果我们将职权骚扰视为理所当然，久而久之，就会变得麻木不仁，甚至当自己变成了职权骚扰的受害者都不自知，只能一个人默默承受各种身心疾病带来的苦果。

有些个体经营者，总是用自豪的语气说："我们公司属于'体育系❶'风格。"如果你有意进入这样的公司，我奉劝你三思而后行。

如果在一些规模较大的公司发生职权骚扰，公司内的相关部门或外部机构都会及时予以矫正，可是如果进入"体育系"的小公司，即便发生职权骚扰，公司也会以"这是我们公司独有的风格"为借口草草了事。

有些公司的董事、管理层都是雷厉风行的"体育系"出身。这些人在年轻时就被教练天天辱骂，队里发生的职权骚扰已被他们视作家常便饭、理所当然。因此在这些人的潜意识里，滥用自己的权力训斥、霸凌下属也是顺理成章的。

---

❶ 体育系：是指学生时代的体育社团。只有长期身处"运动部"的人才能自诩为"体育系"。很多日本企业都喜欢"体育系"的人，因为他们有体力、有精神，不管多么艰难，他们都能忍耐下去。其次，他们都很重视上下级关系，基本上都不敢反对上级的命令。

职权骚扰的 "连锁效应"

我们也可以将此现象称为"职权骚扰的连锁反应"。

"再不听我指挥，你一辈子都别想成为正式队员了！""我的队里怎么有你这么笨的人！"当年被教练职权骚扰的队员如今成长为公司的管理人员后，也会以同样的方式对待自己的下属。他们的口头禅变成了："再不按我说的做，就等着扣奖金吧！""公司不需要你这样的笨蛋！"（其实，在日本，出身"体育系"、实施职权骚扰的高管不在少数。因此，如果您的孩子在学校加入了体育队，请一定注意职权骚扰的魔爪是否已经伸向了您的孩子。）

在视"职权骚扰"为理所应当的环境中成长起来的员工，如果晋升为管理人员，也一定会严苛地对待下属。但如果被下属投诉职权骚扰的话，就会遭受来自人事部的警告，甚至被处分、罚款。有些职权骚扰的实施者受不了打击，自此一蹶不振，有人甚至还患上了精神类疾病。

职权骚扰源于人情冷漠

不少中老年的管理干部经常抱怨："当今职场中，稍微发下火就被投诉成职权骚扰，真是岂有此理！"但是，如果你方法得当、对下属的责备和指导都恰到好处，是不会被误认为职权骚扰的。

"职权骚扰"一词出现后，争议频频，因此对其定义作出了如下补充：从客观角度上来看，如果在业务中有必要予以下属适当的指示或指导，这种行为不属于职权骚扰的范畴。

因为有的时候，严厉要求、指导下属是必不可少的。

职场中，只要张弛有度地教导下属，不出现下述行为，就不属于职权骚扰：全然不顾下属的感受和想法，要求下属唯命是从；对下属进行人身攻击和人格侮辱；固执己见，对下属的工作失误不依不饶；不顾下属的颜面，在众人面前大声斥责。

为避免成为职权骚扰的加害者或被害者，对职权骚扰有一个正确的认知至为关键。

在职场中，构建和谐的人际关系也至关重要。

不可否认，有时即使上司并无过分之举，也会被投诉为职权骚扰。原因在于上司和下属关系疏远。

事实证明，如果上司和下属私交甚好，即使被上司严厉斥责，也不会受挫。

因此，在日常的工作中，上司要尽可能地深入群众，了解下属在工作方面的价值观和需求。

例如：现如今，越来越多的年轻人开始珍惜同家人、朋友的相聚时光，也希望将更多的时间花在自己的爱好上。但是，这并不适用于所有的年轻人。

曾来找我谈心的一位品牌店女员工的想法就与多数年轻人截然相反。她非常热爱自己的工作，而且开朗热情的她也很受客户喜爱，即使天天加班也乐在其中，在很长一段时间里，她因业绩拔尖每个月都收入不菲。她曾直言不讳地说："我的目标是年轻时赚够60万，拥有一家属于自己的品牌店。所以我需要更加努力！"

但是，她的上司对此却一无所知，还将她调动到一个较为清闲的店铺。奖金的大幅下滑极大地打击了她的积极性，自此之后，她对公司、工作的满腔热情都化为乌有，剩下的只有反感。工作态度也发生了极大转变，经常对新人大声呵斥，还和同事一起批判公司。为此，她曾多次被上司严厉批评、劝退。

最终，这位女员工终于忍不住和企业医生哭诉道："我的上司经常对我进行警告和劝退，他们的职权骚扰令我苦闷不堪。"

原本十分优秀、干劲十足的员工却落得如此下场，真让人唏嘘不已啊！

让我们一起改变错误的交流方式

领导和下属之间关系疏远、频生分歧的原因之一是：上下级沟通方式的改变。在过去，面对面交谈或使用电话沟通是最主要的手段。但如今，邮箱或聊天工具的使用更为广泛。

随着时代潮流的不断更替，组织员工旅行、举办保龄球竞赛、聚餐等企业习俗渐渐消失，大大减少了上下级直接交流的机会。

我在和年轻员工面谈时，经常会遇到一些因不知如何与上司相处而闷闷不乐的人。他们都异口同声地抱怨"与上司合不来""真的不知道如何与上司相处""见到上司就倍感压力"。有的人甚至因为承受不了压力，引发失眠、心悸、身体不适等症状。

进一步确认后，我发现一部分人确实是因为职权骚扰，但绝大多数人只是因为无法处理好自己与上司的关系。

▼业务上遇到不懂的地方去请教领导，却被领导冷冷回绝道："不去尝试怎么知道不行，推着往前走吧！"

▼"领导根本不听我解释，只是将他的想法和观点强加于我。"

▼领导只会冠冕堂皇地说"一定要做出业绩来""加油"，

根本不指导我如何去做。

▼领导心情不好的时候，往往情绪多变、喜怒无常，令我胆
战心惊！

虽然上述行为不属于职权骚扰，但是，错误的沟通方式却让
下属深感压力。

迄今为止，我将员工的反馈发给人事部后，得到的答复往往
是：上司一方没有什么大问题。人事部针对上述领导们的所作所
为，做出了如下评价。

▼说实话，此人开朗乐观、为人豪爽，就是在和下属相处的
时候有些粗枝大叶。

▼他属于那个年代的老手艺人，不善言辞的他可能会被人误
解为难以接近。

▼他是大家心目中的老大哥。志同道合的人自然意气相投。

上述情况在医疗界也不罕见，医生指导实习医生时、医生诊
治病人时，一旦在交流中产生误解、发生分歧，很可能会引起
纠纷。

那么，如何做到正确有效的沟通呢？以下是我总结的几个谈话技巧。这些技巧经常会被我运用到和患者、企业员工的对话中。

（1）交流沟通三步骤，"倾听"→"提问"→"发表观点"

在交谈中，如果你给对方的印象是，"他在将自己的想法强加于我""他根本不听我讲话"，只能证明你的想法并没有很好地传达给对方。

当你们开始交谈时，首先，学会倾听至为关键；其次，为了进一步深入谈话，让对方说出自己的需求和想法，就需要进入提问环节；最后，在充分理解对方的基础上，再表达自己的观点，提出建议。

总之，如果能按照上述顺序互相沟通的话，产生误解的可能性就会大大降低。

（2）倾听时要学会换位思考

对方在阐述观点时，倾听者一定要做到全神贯注。为了营造一个让对方能够畅所欲言的环境，首先，可以请对方就座，保持双方的视觉高度一致；其次，想方设法减轻对方的紧张感；同时，倾听对方讲话时停止手头的工作，和对方进行眼神交流。

此外，不要打断对方的讲话，但可以做一些简单的回应。即使自己有不同意见，也要等对方全部陈述完毕后再做反驳。这样就能营造一个轻松、融洽的谈话氛围。

（3）通过提问探知对方的价值观和需求

当对方陈述完毕后，就可以进入提问环节了。为了探知对方的价值观和需求，可以要求对方进行详细描述，此外，为了证明倾听者并非敷衍了事，可以对陈述内容做一个简单的总结，并征询对方自己的概括是否正确。

如果可能的话，可以征询对方："你所期待的职场环境是怎样的呢？""今后，对哪些方面进行改善才能有助于你开展工作呢？"唯有如此，才能让对方对未来充满期盼与憧憬。相反，如果你的提问是"当时你为何不这样做呢？""如果当时能及时挽救，也不至于走到今天这一步"，像这般一味地否定过去，就会让对方产生"领导是否在责备自己？是否我惹怒了领导？"的想法。

（4）最后表达自己的想法和意见

在上司和下属的谈话中，经验越丰富的上司，就越能发现问题所在，因此也想迫不及待地陈述自己的想法和意见。但是，我认为，上司在陈述观点之前，有必要考虑员工的心情和需求。

虽然需要花一些时间来思考，但是更容易被员工接受。

无数事实证明，不考虑对方价值观、性格、需求的建议，不论从表面上看多么的无可挑剔，也会被认为是强加于人。

（5）要给予他人肯定和认可

在和下属的交流中，一定要对其闪光点、获得的成绩、工作认真的态度予以肯定。

要明白，当今社会的年轻人都是在"好孩子是被夸出来的"教育环境中长大的。他们非常关心自己的存在价值、自己的所言所行有没有被认可、自己是否是领导眼中的"潜力股"，也经常为此陷入不安。

因此，上司在警告或指导完下属后，也要对其闪光点予以肯定。可以说"你对工作一丝不苟的态度得到了公司上下的一致好评""你就是大家的开心果，你的存在可谓是营业部无坚不摧的秘密武器，一定要自信"。毫不夸张地说，这些认可下属的话语是建立双方信赖关系的关键。

（6）最好让自己保持最佳状态

众所周知，睡眠不足会让人困倦疲劳，心情也会变得焦躁不安。在这种情况下进行沟通，必然会产生分歧。

当然，我也不例外。在疲劳状态下工作的我，也无法全身心投入到心理咨询中，很难做到彻底的换位思考。

我认为，过度疲劳下，任何人都会烦躁不安，那些刺痛人心的话也会在不经意间脱口而出。此外，平常轻易就能注意到的问题点也会在疲劳的蒙蔽下被忽视。这个时候，就很容易让谈话双方产生分歧和争执。

关于如何管理我们的身体健康，我会在本书的第三部分做详细介绍，以供大家参考。

第6章 远程办公的压力
在家办公，压力也未曾减少丝毫

新冠疫情的蔓延带来了新压力

2020年爆发了全球性的新冠疫情，随着感染人数的激增，在家就能上班的"远程办公"得以普及。与此同时，上班族也不得不直面全新的压力。

远程办公实行之初，不少上班族曾一度暗自窃喜。因为再也不用天天挤地铁、对讨厌的领导和同事强颜欢笑了。但马上就发现情况不像想象地那么简单。

▼过去，如果工作上遇到不顺心的事，可以通过下班后的购物或美餐一顿来缓解。可是居家隔离、远程办公之后，这种烦躁的心情一直无处宣泄。

▼因为没有人监督，工作难免就会松懈，工作效率的降低导致加班时间延长。与此同时，长时间闭门不出在家工作，导致心情低落、毫无干劲、无法全身心地投入到工作中去。

▼在公司上班期间，如果遇到不懂的地方可以询问周围的同事，但远程办公后，所有问题都得靠自己解决，经常需要花费大量的时间，最终因不能按时完成工作被领导警告批评。最后，连打开电脑的勇气都丧失殆尽。

远程办公的问题点在于：自己的住宅原本是放松娱乐的私密空间，是不对外公开的，但是因远程办公，属于自己的那一片天地突然变成了随意公开的职场，难免会感到不适应吧。

除此之外，对多数人而言，只要朝九晚五地去上班，就能保证每天5000步的运动量（坐地铁上班的情况），但是远程办公却剥夺了人们的此项权利。

众所周知，适度步行可有效促进血液循环、缓解身心疲劳、活跃思维、放松心情。但是，远程办公的普及，让越来越多的人饱受肌肉酸痛、头痛、焦躁不安、抑郁情绪的困扰，运动量不足可谓是其罪魁祸首。

因为不用再去公司上班，人与人的接触就会相应减少。从表面上看，人际关系带来的压力似乎正在消失，殊不知闭门不出会让我们的交际能力逐步退化。

如果身处办公室，遇到不懂的地方可以咨询身边的同事。此外，同事间的闲聊也可以转换心情、放下烦恼。但是远程办公的兴起，让人们变成"孤家寡人"，越来越多的人在工作时都陷入了心情低落的怪圈。

居家隔离期间，人与人之间的沟通只能通过视频通话才能实现，因此诞生了新的沟通压力。视频时，所有人只能看到对方的上半身，每个人仿佛都置身于一个平面世界中。加之，经常会发生网络不稳定、画面不清晰的情况，导致无法察言观色、每说一句话都要小心翼翼。亲密无间的沟通更是难上加难。

疫情期间，我也加入了远程办公的队伍中，因为不能近距离捕捉对方的微妙表情，所以很难分析对方的心理，每次面谈后，我都精疲力竭。

即便没有恶意，也构成了远程骚扰

最近，"远程骚扰"一词逐渐走入人们的生活。所谓远程骚扰，是指在远程办公中发生的职权骚扰和性骚扰。

远程办公让个人的住宅迅速成为工作场所，也让人们迅速走近他人的私人空间。久而久之，职场和家庭的界限越来越模糊。

很多时候，本着与他人拉近距离的初衷，说了一些玩笑话，竟然引起对方的反感和不悦。

以下便是某位男性上司的玩笑话，但是对于女性员工来说，这些话已经触及了底线，属于性骚扰的范畴了。

▼咦？你在家是不是不化妆？比起来公司的妆容，都不能用偷工减料四个字来形容了。

▼居家隔离期间没办法去健身房了吧？我看你胖了不少。

▼我记得你会弹吉他是吧？等工作结束后你给我弹一曲如何？

此外，远程办公的实现，导致上司不能时时刻刻监督下属的一举一动。在此背景下，部分上司便提出了下述无理要求。

▼关于你在工作中是否偷懒，我无从而知，因此你要经常开着摄像头，方便我监督。

▼我给你发送语音后，你并没有在第一时间回复。证明当时你离开了自己的岗位，请给我一个恰当的理由。

▼我想确认你周围的确没有人，所以请360°转动摄像头，将整个房间呈现在我面前。

▼特殊时期，因为大家没办法在公司见面，导致沟通有所欠缺，为了增进同事间的感情，从这周起，每周五工作后，我都会组织网上交流会，大家可以一边饮酒一边谈心。所有人都要参加。

▼我听到你老婆训斥孩子的声音了。这种"咆哮式"的教育方式会毁了孩子的。我一会儿推荐给你一本关于如何教育孩子的书，可以让你老婆学习一下。

　　像这种越界的管理和指导，有时会演变成职权骚扰和精神暴力，成为社会的一大问题。

　　但是，引起远程骚扰的上司或同事并不认为自己的行为有不妥之处。

　　像上述这般，远程办公带来的烦闷感日积月累之后就会转变为压力，继而引发过度焦虑和紧张，最后引起身心不适。

远程办公带来新型精神暴力

如何正确对待远程办公中遇到的压力

新冠疫情的暴发带来了新的压力，关于其应对之策，产业保健和精神科领域还没有明确的研究。

作为一名负责企业职工健康的专职医生，我提出了以下几点建议，请大家参考。

（1）模拟上班状态，划清工作和生活间的界限

自从不用再去公司上班，越来越多的人面临如下状况：工作和生活的界限逐渐模糊；生活节奏被打乱；缺乏运动导致身体越来越差。

因此，我建议：在开始工作前，最好外出步行10～20分钟。即模拟从家去公司的过程。

步行之后，再投入到远程办公中，你会发现：过去上下班的步行其实是一项非常好的运动。因此，一定要珍惜这宝贵的运动机会，并一直坚持下去。当然，在结束了一天的工作后，也最好外出步行，以便让大脑从工作模式切换到休息模式。

清晨，外出锻炼时，当然不能穿家居服，整理着装十分重要。此外，为了营造紧张感、顺利开启新一天的忙碌工作，换上外出服也是十分有必要的。

在开始工作前，
模拟从家去公司的过程

（2）模拟真实的对话场景

在公司上班期间，同事之间会聊一些和工作无关的事，比如针对某一社会现状，大家会各抒己见，这些看似无关痛痒的闲聊其实为紧张的工作增添了许多乐趣。可是远程办公的出现，让上述这些日常沟通在一夜间消失殆尽。不可否认，这些对话的消失为工作争取了更多时间，却大大减少了人与人接触、交流的机会。

在远程办公中，人们经常使用邮件互相联络。而我则认为，文字交流固然重要，但用视频和电话的沟通也必不可少。听到对方的声音、看到对方的脸庞更能增进人与人之间的感情交流。因此，定期举办视频会议或者根据实际情况打电话汇报工作就变得尤为重要。也可以制订一天出勤日，让大家互相见见面，也会起到很好的效果。

尤其是新员工们（刚进入公司的员工以及刚被调动到其他部门的员工），还未适应新的人际关系，就因疫情被要求远程办公，即使遇到问题也不知向谁求助，陷入了迷茫与无助之中。我建议这些新人可以多争取一些出勤日，在实际的职场中和大家建立友好关系。

第二部分

人生中的
三次心理危机

在第二部分的论述中，我将上班族按年龄分为三大类。分别是：22～30岁的职场新手；31～45岁的中坚力量；46～60岁的资深员工（这般分类的原因我会在本书后面进行详细解说）。以我多年经验来看，这三个年龄层的人容易陷入不同的心理危机。

职场新手：从一个稚嫩的学生成长为独当一面的职场人，在这个过程中，如果不能摆正自己的位置，还用学生的眼光看待事物，必然会不断碰壁。很多新人因承受不了工作带来的压力，反复跳槽。

中坚力量：作为一名中层管理干部，已经能游刃有余地处理工作了，并且被公司寄予众望。但是在经历结婚、生子之后，身负公司和家庭的双重重担。

资深员工：虽然在职场中身居要职，却逃不过自然规律，身体逐渐衰老，工作中经常体力不支，患病风险增高，因担心身体健康引发精神压力。随着年龄的不断增长，渐渐走向职业生涯的终点。

如果能提前预判不同年龄段可能产生的心理危机，就能避免或减轻心理危机带来的伤害。

*本书中列举的实例不针对任何人及团体。

第7章　职场新手
调整心态，工作不碰壁

工作期间和学生时代的落差让新员工困惑不已

刚迈入社会的新员工经常会遇到这种情况：学生时代的价值观、思考方法、言行准则往往在工作中行不通。但是，所有职场人都是在直面公司和学校的差异中、在吸取无数失败的教训中蜕变成长的。

如果不能直面这种落差，总想当逃兵，就不能很好地适应职场节奏，甚至引发精神疾病。

接下来，给大家介绍几则来找我咨询的真实案例。

案例一：新员工因头痛的老毛病，每个月多次请假

刚毕业的N被分配到总务部。

上班一个月后，N经常以"头痛"为由缺勤、迟到。有时，一个月甚至请假4次以上。虽然曾多次被领导警告，但N仍固执己见地认为：头痛已伴随自己多年，一时半会也无法治愈，请假也属理所应当。

束手无策的人事部只能委托我来给他做心理疏导。在和N聊天后我得知：原来N在学生时代就经常头痛，换季或气压过低时尤为严重。虽然也在服用市面上治头痛的药，却毫不见效，只是一觉过后的第二天早晨头痛又会不治而愈。当我问他之前有没有去过医院时，他的回答是："学生时期我曾在父母的劝诫下去医院做过检查，但结果显示无异常。至此之后再也没检查过。"

鉴于N的种种不当做法，我耐心劝解道："即便你有多年的头痛史，也不该一个月多次请假和迟到，由于你个人的原因，影响到了整个部门的工作进展。此外，交给你的工作如果不能按时完成，就得交给他人做，必然会增加他人的负担。"听完我的此番话后，对方居然满脸的不可思议。

我接着说道："接下来，你要做的就是赶快去医院，向医生

说明你的具体情况；其次，以头痛为借口，多次请假的行为实则不是一个合格的社会人，请尽可能地努力减少缺勤和迟到。"他总算表现出一副理解的样子，并向我保证一定会去医院看病。

因头痛立刻请假休息的新人

针对上述情况，究其原因，就是这位新员工并未认识到公司的考勤管理（缺勤、迟到）要比学校严格得多。其实，对于新人来说，出勤状况差的现象并不罕见。

于学校而言，学生就是"顾客"。学生向学校缴纳学费，学校提供教育的服务。因此学生因身体不适请假休息，学校也毫无怨言。

近年来，日本受少子化的影响，学生人数逐年减少。加之，对于学校来说，留级率的高低决定了政府补助金的多少，以及学校名声的好坏。因此很多私立学校为了不让学生迟到和缺勤，特意为单身宿舍提供了清晨叫醒服务，针对那些经常缺勤的学生，学校还联系家长进行共同管教。其服务可谓尽善尽美。

但是，职场和学校完全不同，学生在职场中的地位也发生了180°大反转。职场中，个人提供劳动服务，公司"付费"。个人必须履行劳动合同规定的关于劳动时间和劳动内容的义务。

因劳动合同中明确规定了劳动时间，所以个人不能再像学生时代那样随意缺勤、迟到了。否则，就会受到人事部和上司的警告，情节严重者，甚至会因"不履行合同"身陷劳务纠纷。

当然，公司为了让员工提供长久的劳动服务，也鼓励员工做好健康管理。但是，有些疾病并不是人为可控的，即便平常很注意自己的健康，有时也难逃疾病的魔爪，从而导致不能满足劳动合同规定的出勤天数。此时，公司的态度是：好好治疗，控制病情的发展。即希望员工努力配合治疗。如果员工积极配合治疗后仍不见好转，公司会要求当事人停职，以便专心投入治疗，待身体恢复到可以满足合同规定的劳动时间之后再复职。

有多年工作经验的老员工当然不会对正常出勤有何异议，但是对于刚迈入社会的学生来说，却有诸多疑惑。像N一样出勤状况差的年轻人在各个公司都能看得到。

"迟到""缺勤"会传染！

当公司对那些经常迟到、缺勤的员工放任不管时，接下来就会发生可怕的"人传人"现象，那些平日里安分守己的"好"员工也会逐渐无视公司的考勤制度。

究其原因，是因为公司任其自由的态度极大打击了一板一眼、按时出勤员工的积极性。一旦某个员工突然休息，他的工作就要分摊给其他人。然而，对于那些一丝不苟的员工来说，原本已经安排好了当天的工作，还计划着能早一点回家，却因同事的缺勤、工作量的增加将计划全盘打乱。

偶尔的缺勤大家都能理解，毕竟每个人都有请假的时候。但是，接二连三地请假，屡次三番地将工作推给他人，我想，没有人能忍受得了。渐渐地，诸如"为什么公司要将他的工作强加给我"的抱怨声会越来越多。最后，人们就会将所有的责任都归咎于公司的视而不见，导致人心尽失。

如果这种状态长久地持续下去，那么，所有人都会认为：既然如此，我也能以身体不适为由请假，我也没必要再带病坚持上班了。

久而久之，越来越多的员工不按时出勤，公司风气也一落千丈，最终导致公司生意萧条、优秀员工相继跳槽。

我在成为企业职工健康管理医生后不久，也曾帮助一个几百人规模的公司度过了同样的难关。颇令我惊讶的是：在那个公司里，不仅员工的出勤状况差，就连高管们也都频频请假，有的人甚至每个月都要连续请假3～5天。

相反，那些认真工作的员工们却因身兼多职天天加班，工作满负荷甚至超负荷。职场氛围沉闷阴暗，毫无活力可言，电脑前的人们无一不满脸疲惫。通过和他们的对话，我得知：多数员工对公司的纵容行为牢骚满腹。

当我向人事部指出问题的严重性后，公司内部开展了"考勤管理专项整治"的行动。针对那些连续两个月、每月缺勤3天以上的员工，公司为他们安排了和企业医生的见面咨询会。从中我发现：大部分人的请假原因都是头痛、腹痛、经前期综合征。而且他们在出现这些症状后都未去医院检查过，只是通过休息来治疗。更有甚者，甚至不知道自己的身体到底有没有不适。

我给他们的建议是：切勿对身体出现的不适置之不理，积极治疗才能减轻症状。并帮他们写了介绍信，推荐给了相关医院的医生。除此之外，我还建议人事部：如果有人借身体不适连续请假，请直言不讳地作出提示，阐明其行为会给部门带来很大困扰。我的目标是：尽己所能，联手人事部改变公司的不良风气，改善出勤不佳的状况。

历经半年的专项整治，那些借故缺勤、迟到的员工基本消失，埋头苦干的员工们终于如拨云见日般，摆脱了数不胜数的工作。公司氛围又恢复了以往的生机勃勃，员工们又找回了心中的那份悠然自得。

案例二：被调往的部门里没有一个人和自己年龄相仿，深感压力

S毕业后直接进入了某金融公司的总部。在入职的第二年，为了让她积累更多的经验，公司将她调到了邻省份的分公司。分公司的规模远不及总部，除店长外只有十个人，其中，S的年龄最小。进入分公司半年后，S在分公司进行的企业员工压力情况调查中，被判定为"高压力"。因此公司安排了她和企业医生面谈。

据S讲述，在公司总部的时候，她和几个年龄相仿的同事非常要好，她们一起进入公司，并很有共同语言，因此经常在一起谈天说地。下班后，她们还会和年龄相仿的前辈们一起去聚餐，每天都过得快乐又充实。但自从被调到分公司后，一切都变了。周围的同事都比她年长，在工作上，虽然前辈们都会亲切耐心地指导她，但年龄的代沟让她们之间毫无共同语言。同事间的每一次聊天，她都沉默不语，只躲在一旁强颜欢笑。加之，同事们都已结婚生子，在下班后都会匆匆赶回家，这样一来，聚餐的次数可谓是屈指可数。她总是怀念在公司总部的美好时光，即使在工作中也忍不住经常哭泣。最近，她对上班的排斥感越来越强烈，甚至夜不能寐。

其实，在职场中，与S有类似感受的人有很多。他们即使拥有多年的工作经历，仍不能很好地适应职场生活。这一切都源于他们把职场生活当作了学生时代的延续。

殊不知学校与职场的人际关系是截然不同的。如果不能清醒地认识到这一点，必然会被孤独、寂寞所支配，久而久之，便会引发精神疾病。

S之所以陷入痛苦的深渊，和她无法脱离学生时代的状态息息相关。在公司总部，她与同事吵吵闹闹的快乐时光和她在学校社团或兴趣小组的生活状态是极为相似的。

但是，随着她被调到分公司，那些意气相投的同事也随之远去，面对新环境下的人际关系，她束手无策。

所谓职场，就是在寻求公司利益的过程中，形成的一个合作团体。因此我们要清醒地认识到：同事≠朋友。

即使年龄不同、存在代沟、话不投机，都无须过度介怀。你需要做的只是和他人齐心合力，共同提升公司效益。而作为回报，公司也会给你发工资。

在刚毕业的大学生中，有不少人虽然在大学兼职期间，对职场人际交往深有体会，却从不将教训铭记在心，导致其真正进入职场后，仍屡屡碰壁。

其实，很多刚毕业的新员工对职场生活都抱有误解，他们单纯地认为：职场和自己大学的社团一样，都是一群意气相投的人聚在一起热火朝天地干事业。

"职场和学校不同，不是你和朋友畅所欲言、放纵享乐的地方""在工作中，未必能交到志同道合的朋友"，所有职场人的意识都是在这样的转变中逐渐成长起来的。

但并不是所有人都能清醒地认识到这一点。譬如，S已为此出现了抑郁的症状。在我的极力劝解下，她终于接受了精神科的治疗，最终被诊断为"适应障碍"，被迫停职休养。

此后，经过数月的居家疗养，复查时医生同意她重返岗位。她向公司提出了调回总部的申请，却被驳回，最终她选择了辞职。

在和她多次的面谈中，我发现：首先，她本人对就职这一概念很模糊，认为工作就是学校时代的延续。正如上完初中升高中、上完高中考大学一样，大学毕业后就应该去上班。她曾直言不讳地说："毕业后，因为我身边的同学都去找工作了，我不想特立独行，才选择参加各种面试。"其次，她家境优越，即使不工作，也不会身陷困境，工资的有无对她没有任何影响。于她而言，如果职场生活不能带来快乐，工作就毫无动力。我的个人感觉是，她若想成长为一名真正的职场人，就必须要改变现有的观念，而这绝非易事，可能还需要很长一段时间。

当今社会，像S一样的年轻人并非少数，他们将公司和学校混为一谈，一不开心就辞职。但以我多年的经验来看，他们不会一直这么下去，历经多次跳槽后，现实会打破他们对职场幼稚的幻想，失败能教会他们成长。

例如：很多人在结婚生子后、一直依赖的父母退休后，瞬间变得成熟，人也变得踏实可靠起来。

我清楚地记得，曾经有一位30多岁的企业精英找到我，讲述了他的亲身经历。

"我年轻的时候，想法非常幼稚。只要觉得工作不顺心、不开心，就立刻提出辞职。自从有了孩子之后，我深刻认识到，自己不再是一个人了，必须努力才行。原本我只是抱着养家糊口的想法开始努力工作的，但不可思议的是，我发现工作其实是一件很有趣的事。哈哈！"

人生中有很多好机会让我们明白作为一个成年人"要经济独立、脚踏实地"。有的时候，最美的风景就在身边，只是我们没有发现而已。

案例三：即使对工作一窍不通，上司也不给予任何指导

C在某IT企业实习期满后，被分配到了某项目小组。

恰在此时，日本爆发了新冠疫情，迫于无奈，她开始了远程办公，每天根据领导的指示开展工作。

在她开始工作的第二个月，小组负责人便向人事部反映："C最近有些反常，早会时总是低着头沉默不语、神情恍惚，交给她的工作也都完成不了。每当我和她远程视频询问具体情况时，她总是毫无预兆地泪如雨下，让我很是惊讶。"于是公司安排了我和她的面谈。

当我看到C的时候，她一直低着头，不敢和我对视，我从她的表情中看到了强烈的不安。

于是，我开口问道："最近是身体不舒服吗？你的领导非常担心你。现在好点了吗？"面对我的询问，C泣不成声地叙述了她入职以来的各种经历。

"实习期间，对于公司下达的任务，都是我们几个实习生集思广益、共同完成的。俗话说人多力量大，所以个人还是比较轻松的。自从被分配到项目小组后，我发现自己对工作内容一窍不通。从我自身来讲，我并非IT专业出身，其实在实习期间，我

就对工作一知半解。加之，也没有人教我怎么去做，让我更加不知所措。看着和我一起进入公司的伙伴们都开始独当一面，强烈的自卑感让我无地自容。渐渐地，我开始害怕开会讨论，每天的工作都让我痛苦不堪。"

我接着问道："你有没有试着和领导沟通过，说自己不太明白工作内容，希望领导多加指教呢？"她眼中含着泪水，回答道："我曾和领导说过多次，但每一次领导的答复都很敷衍，不是让我上网自己查，就是推荐我阅读某本书。我也认真阅读了领导推荐的书，可即便这样，我还是一头雾水。我也试图咨询其他前辈，可他们都一副很忙的样子，再加上又是远程办公，我很难张口询问。当初，公司在录用我时，也明确地说过，因为我是IT初学者，即使工作中遇到问题也实属正常，我也一直满怀期待地盼着公司对我的培训，可事实恰恰相反。我不知道未来的路还能不能继续走下去，此刻的我毫无自信。"

因为多数年轻人都会被安排到非常忙碌的部门，所以和C有相同经历的人绝非少数。我经常能听到这样的声音："看着领导忙碌的样子，我很难开口。""领导经常不在工位上，即使我想问也抓不着人啊。"

即使向上司请教，
也不给予任何指导

完全不懂，怎么办？

其实这些年轻人都有一个共通之处，那就是自以为是地认为领导会像学校的老师一样主动给自己答疑解惑。

想必我们所有人都在学生时代遇到过孜孜不倦、潜心育人的好老师。老师不会因学生是否积极回答问题区别对待，也不会对学生的提问置之不理。但学校的教育模式在公司是行不通的。不可否认，面对新人，领导和公司的老员工们也会扮演"教师"的角色，但他们的职责并不是教书育人，他们也有自己必须完成的工作。而且，"老师们"的教育水平也是参差不齐的。而对于那些争分夺秒的部门来说，哪有时间一直培训新员工，只能让他们在实践中历练自己。

作为一个成年人，若想掌握一门技能，就不能坐以待毙。只要看到领导的身影，就要把握一切机会向其请教，也可以通过上网或查阅资料来提高自我。如果像C一样被动地等着领导的培训，必然会导致不懂的地方越来越多，陷入举步维艰的尴尬境地。不仅如此，自己也会因领导的警告、强烈的自卑和自责萎靡不振，甚至身患疾病。

尤其是那些性格内向、腼腆的年轻人很难处理好自己和上司、前辈们的关系，即使遇到不懂的地方也不敢开口询问。加之，如今的年轻人都习惯用社交软件互相沟通，因此很多年轻人都非常抵触和不熟悉的人通过电话或面对面直接交流。

内向也好、认生也罢，这都与个人的性格有关，一时半会儿肯定改变不了。这时，就需要充当"老师"角色的领导和前辈们多加照顾，多多提点。

我曾听某位高管说过："虽然远程办公为同事间的沟通带来了诸多不便，但是我们公司的对策是每天工作开始前、结束后，都要将新人们聚集起来开会。"不可否认，这有助于新员工更快地熟悉业务、构建良好的人际关系，但是有一点需要注意，即时刻关注那些内向、认生、腼腆的新员工。你会发现，他们在会上从不发言，总是默默无闻地充当倾听者。

如果可能的话，请创造一些机会和他们一对一面谈，耐心并多次询问他们：在工作和人际关系方面是否一切顺利，工作中有没有遇到不懂的地方。

无数事实证明，那些内向的年轻人，一旦拥有自信，很可能就会给公司创造意料之外的高额价值。这些人看似内向，其实内心反而十分成熟，他们懂得察言观色，在协同合作方面从不让领导担忧，很多人都能成长为具备执行力和战斗力的优秀员工，成为公司的潜在财富。因此，在他们进入公司之初，手把手的指导才是上策。

案例四：从事的工作和自己的职业规划相差甚远

25岁左右的K在金融公司上班。

他在公司开展的压力情况调查中被判定为高压力承受者。在此背景下，他主动申请和企业医生面谈。

进入面谈室的K面色红润、精神饱满。一进门便开门见山地说道："最近，在工作上毫无干劲，对上班的排斥感日益严重。"

当被问及有何压力时，他开始滔滔不绝讲了起来。

"在进入公司之前，我从未想过成为一名销售员。我之前的职业规划是为金融机构做广告设计及商品企划。同时，我来公司面试的时候也明确说明了我的目标所在。但是，公司的建议是：想要实现目标，首先要充分了解金融客户和证券，否则就像高楼大厦没有地基一样，不会走远。正因为这句话，我在销售的岗位上孜孜不倦地奋斗了3年。今年，我终于鼓起勇气向公司提出了调岗的申请，却被无情驳回，打破了我对公司的最后一丝幻想。自此之后，我被负面情绪渐渐吞噬，换工作的想法经常占据我的大脑。"

虽然K嘴上喋喋不休地抱怨着，身体上却未出现失眠、食欲不振等症状。不仅如此，每到周六日，他还经常和朋友们聚餐，或积极参加一些研讨会。

我经过分析得出，K是因为公司无法满足自己提出的要求，所以才感受到了来自工作内容和环境的沉重压力，最后被判定为高压力承受者。其实，在职场中，像K一样的遭遇绝非个例。

很多年轻员工都抱有相同的烦恼：公司分配的工作和自己的期望大相径庭，也和自己最初的职业规划相距甚远。

老实说，对于像K这样未出现任何身体不适的员工，企业医生起到的作用并不大。不论怎样，我也将K的实际情况告知了人事部。

人事部回答："公司很清楚K的需求，也理解K的心情。但实际情况是广告设计和商品企划部人员早已饱和，加之，公司经营情况并不乐观，因此不可能再增员了。不可否认，K在销售部的这些年并未犯过大错，但也毫无业绩可言。如果想调到广告设计和商品企划部，必须在自己的岗位上有所成绩才行，否则根本无法实现。接下来，人事部会尝试和K做一些详细说明，以取得他的理解。"

我在和新入职员工的谈话中发现：这些年轻人非常重视自己的职业规划和职业走向，很多人都认为公司就应该是实现自己职业规划的地方。

和职业规划相差甚远

但公司绝不是支持个人实现自我价值的慈善机构，因此不能满足所有人的需求。

于公司而言，最重要的永远是利益。

当然，如果公司各方面都比较完善的话，也会综合考虑公司利益和个人成长。但前者的地位永远是不可动摇的。

那些刚步入社会的年轻人，还不能站在集体的角度看问题，他们只在乎现在的工作对自己的职业生涯有无益处，一旦工作偏离自己的职业规划，就变得兴味索然，久而久之便感受到了来自工作的高压力。

当然，我也不例外。遥想当年，我刚迈出大学校门之际，也抱有和上述相同的想法。如今每想起来，顿觉羞愧难当。那时的自己缺乏经验、总以学生的视角看待事物。在社会中历练多年后，意识才逐渐发生改变。这一切都要归功于那些曾经悉心指导我的各位领导和前辈们。

幸运的是，K所在公司的人事负责人非常沉稳可靠，他和K详细介绍了公司的现状，并且为了帮助K获得调岗机会，提出了很多可行性建议。

和人事部沟通后，K的想法也发生了很大变化，他承诺道：

"从今以后，我要倍加努力，干出业绩来。届时，如果公司再不给我调岗，我再考虑辞职。"

不合心意的人事调动，会引发身心问题

公司未听取个人意见、单方面地安排人事调动，会给当事人带来一定压力，甚至引发心理疾病。

我经常见到有此烦恼的员工。不论男女，他们都异口同声地诉说"调动一事非我所愿，公司的此项决定真的让我心灰意冷""如今的工作完全背离了我当初的职业规划"等。并出现了如下症状：想到要去公司，就烦闷不安，欲哭无泪；经常夜不能寐。

作为一名企业医生，我的职责就是针对职员的诸多症状提出可行性的治疗方案。与此同时，还要帮助员工寻找潜藏在背后的真正原因。

其实，在被人事调动所困扰的人当中，绝大部分都不知道自己为何被调岗。因此，我会建议他们去找人事部或领导，询问被调岗的原因。

由于我经常和各个公司的人事部沟通，所以深知：所有公司都不会无缘无故给员工调岗。

所有的人事调动都缘起于公司对利益的考量。因为只有最大化地发掘员工潜能，才能创造更多的价值。所以，没有考虑到员工的个人期望和职业规划，也属无奈之举。

但事实上，也有很多公司的确是出于对个人的培养，才将其调往别的部门。

▼对此员工抱有极大期待，希望他能成为公司未来的砥柱中流。而在此之前，他必须有足够的技能和经验储备，因此才将其调到其他部门。

▼为了让他在未来进入管理层，才将其派到子公司或深入现场去了解基层情况。

▼为了提升他的管理和沟通能力，特将他调到某某中层所在的部门。通过中层的指导来弥足他自身的不足。

▼被调往的部门处于停滞不前的状态，急需新鲜血液的注入。期待此员工过去之后，能利用自己的优势大展宏图。

如果每个员工都能知道公司的苦心，就不会在新的部门自怨自艾、停滞不前。恰恰相反，他们会受到鼓舞，以全新的面貌面对新的工作和环境。

当然，也有公司在安排人事调动时，完全不考虑员工的感受，一切都从公司的利益出发。

▼他在现在的部门里，业绩平平、毫无起色。说不定能在新的部门如鱼得水般有所作为。

▼多年来，他一直待在一个部门，墨守成规、不思进取。此次的调岗，说不定能让他受到刺激，更加努力地工作。

▼或许他本人还未发觉，其实他的行为已有职权骚扰的趋势，并且还为人任性，万事以自我为中心（不听从领导指挥，上班时间干私事）。

▼总是迟到、请假，导致部门内其他人的工作量持续增加。

多数公司都不会将上述原因告知本人，很多时候都是怕伤害到员工，打击其积极性。殊不知此做法会适得其反，员工因不知原因所在反而还会持续以往的工作态度，与公司最初的预想大相径庭。

总之，不论调岗的原因是出于公司的苦心还是私心，作为个人来说，都有必要重整旗鼓，以积极的心态在新的部门大显身手。

不可否认的是，如果被调到了不合心意的部门，短时间内一定会难以适应。面对新的工作、新的人际关系，在完全熟悉之前很可能会陷入高压力的状态。其中，不乏有人因无法忍受提出辞职，或者在职期间开始找工作。但是，从一个精神科医生的角度来看，我的建议是：不要急于换工作。

因为人在某种压力中做出的判断很可能是错误的。

在精神医学中，有这样一条金科玉律：当一个人的身心正在遭受压力的侵蚀时，切勿妄下决断，尤其是那些可以左右人生的大事，一个小小的错误足以让人追悔莫及。

事实证明，那些急于离职的人当中，有很多人都出现判断失误，来到新公司才发现那里的环境更为恶劣。此外，那些遇到压力就想逃避、无法以积极心态迎难而上的人，往往很难通过其他公司的面试，这和他们当初的预想是背道而驰的，因此身体和精神状态的持续恶化也在所难免。

当然，如果原来的公司有严重的职权骚扰，或者有致人过劳死的风险，无论如何也应尽早离职。除这两项因素外，我不建议个人仓促离职。

那么，在被调岗之后，我们应该做些什么呢？我认为最重要的一点是：保证充足的睡眠，摄入足够的营养，调整身心状态。

因为面对全新的环境和人际关系，不论是谁，在最初的2～3个月，都会超出预想的疲惫。所以要保证每天6小时的睡眠，摄入足够的蛋白质、维生素、矿物质，还需要想方设法缓解身心疲劳，其具体方法会在本书的第三部分介绍。

遵照上述方法调养身心，如果半年后还坚持离职，便可付诸行动。

除此之外，我还会劝诫员工在决定离职之前再坚持忍耐一段时间，至于时间长短，全由个人决定。下面是来自某工厂一名职工的真实讲述。

"当公司将我调到其他岗位时，说实话，我是心怀不满的。因为我对新的岗位毫无兴趣。但为了增加跳槽的资本，只能在心中鼓励自己再坚持奋斗一年。但就在这一年间，我居然取得了意料之外的高业绩，并得到了领导的赏识，自此之后，我越来越热爱自己的工作。"

相反，若经过一番努力后，仍无法适应新部门的工作生活，可以一边向公司申请再次调岗，一边着手换工作事宜。为了维持生计，切勿不计后果地辞职。对于现在的工作淡然处之即可，同时花精力寻找新工作。

最终，有的人因被公司批准再次调岗而选择留在公司，重整旗鼓后，活跃在新的部门。也有的人如愿以偿地被条件更好的新公司录取。

离职也好、调岗也罢，它们都属于人生中的一大转机，因此戒骄戒躁、调养身心后再整装待发才是取得成功的关键。

第8章 中坚力量
公私兼顾带来巨大压力

过度疲劳和猝不及防的环境变化都达到了历史最高点

而立之年的职场人可谓是一个公司的中坚力量，此时的他们精力充沛、经验丰富、懂得如何做好一个职场人，因热爱工作，很多人都不知疲倦地奋斗在企业第一线。

对这类人群，公司会根据个人能力，对部分人予以重任。

在家庭生活中，公司的这些中坚力量正面临结婚、生子、养育子女等诸多变化，处于人生中最繁忙的阶段。

在第3章中，我曾讲到，任何变化都可能导致压力的产生。即便像结婚生子这样的人生喜事，也难逃压力的魔爪，因此切不可掉以轻心。

接下来的几则案例都是中层管理者经常会遇到的。

案例一：晋升带来的烦恼

T在某IT企业担任系统工程师一职。

他为人谦和，对工作认真负责，深受客户和领导的信任，在公司内部也好评如潮。

春天的时候，他被晋升为某项目小组的负责人，第一次当上了领导。在晋升之初，T非常开心，每天都干劲满满。

但是，半年之后，T好像完全变了一个人，从不迟到早退的他开始以身体不适为借口频频迟到；憨厚的笑容也消失不见，取而代之的是满脸阴郁；独来独往的他和大家渐行渐远。

T的这些改变引起了领导的重视，其上司随即联系了人事部。之后，人事部安排了我和T的见面。

进入面谈室的T面如土色，给人沉重阴郁之感。

"听说最近一段时间，你因身体不适经常迟到，现在好点儿了吗？"我询问道。

他回答说："其实，我每天都夜不能寐，睡眠质量差到了极点。尤其最近一两个月，每天只睡两三个小时。"

待进一步确认后，我才清楚事情原委。

T有两个下属，其中一人做事散漫，还谬误百出。T为袒护他，遂将其大部分工作交给了另一个下属。渐渐地，另一名下属因无法忍受沉重的工作负担和领导不公平的对待，开始天天向T抱怨诉苦。

T从未想过自己的安排竟然让下属如此苦不堪言。备受打击的T自此之后开始平等地对待两名下属。如此一来，整个项目就因那名懒散的下属停滞不前。具备强烈责任感的T发现这一问题后，没有责备下属，反而还持包庇袒护的态度。为了让项目按原计划进行，T承包了那名下属的大部分工作，天天加班到只能坐末班车回家。

忙碌不堪的工作早已让T忘记了对那名下属的正确教导，结果导致了不可挽回的严重后果。即项目未能按时完成，公司遭受巨大损失。T也遭受了来自上司和客户的严厉斥责。

自此之后，T每天都活在惶恐不安中。晚上的他辗转反侧睡不着，第二天起床后又头痛难忍，每天都靠着止疼药咬牙完成工作。T坦言道："我不想当什么项目组长了。我想回到从前独自一人的工作状态。"

像这样的事例，在经验尚浅的中层管理干部中并不罕见。

他们身处下属与领导、客户之间，经常两面为难。协调不当者，势必会被身心疾病所困扰。

从拥有下属的那一刻起，
烦恼也随之而来

尤其是像 T 这样默默无闻奋战在工作岗位的尖端人才，因谦和有礼，所以很难做到以强硬的语气命令他人，也害怕遭到下属的讨厌。因此，与生俱来的性格决定了他们并不适合当领导。

有些领导甚至会被下属反向职权骚扰。例如，当他们面临下属直言不讳的投诉，以及不听指挥、自行其是的行为时，因不能很好地从中斡旋，只能自己默默承受一切后果，久而久之精神就会被击垮。

这些尖端人才在成为中层管理干部之前，都是一心为工作、专心搞科研的优秀员工，他们并不喜欢满脸严肃地命令他人。因为人温厚不会拒绝，导致经常被下属掌握主动权。

因此不能因员工工作能力强就贸然提拔。而是要为他们创建一个缓冲期，在进入管理层之前，安排管理岗位实习，切实指导相关人员如何正确地管理下属。

也可以积极安排一些外部培训。总之，不论以何种模式，一定要让相关人员掌握各种管理模式、管理中的注意点以及如何应对下属的投诉等。之后，方可进入实战阶段。

如果没有前期的知识储备，就会陷入和 T 一样的处境，根本无法适应管理岗位。

T 经常头痛难忍，还表现出了明显的失眠和抑郁症状，因此我马上催促他接受了心理检查和治疗。与此同时，我还将其具体情况告知了公司人事部，并建议暂时免去T的管理职务，减轻其工作负担。

因为T在公司的能力有目共睹，所以人事部得知事情原委后，立即采取了行动。根据T的期望暂时免去他项目小组负责人一职，还将其手中的项目交给了其他组，让T得到彻底放松，并允许他按照自己的工作节奏开展今后的业务。

经过治疗，T的身体得到了快速恢复，几个月后，心灵创伤也完全治愈，久违的笑容又出现在他的脸上。

案例二：因过于热爱工作，导致身体透支

O是一位优秀的职场精英，她在某知名企业担任广告部科长一职。最近一年来，她一个月的加班时间高达80个小时。鉴于此，公司命令她来找我面谈。

O是公司里公认的工作狂。最近一年，部门里陆续有人休产假或离职，导致人员严重缺乏，为了弥补工作漏洞，O天天加班，其加班时间已超过劳动法规定的时间。

O给我的第一印象是：面色憔悴，满是疲劳感，头发也枯黄无光泽，被散乱随意地挽起。

以下是我和她之间的对话。

"最近一年都在高强度、长时间加班吧？现在感觉如何？"

O有些不耐烦地回答道："每天都加班到只能坐末班车回家，我感觉身体已疲惫至极。"

"睡眠如何呢？"

"最近几个月，我每天只睡3~4个小时。因为每天到家已经是半夜12点多了，洗完澡、收拾完房间，再上床睡觉时已过2点，而早上6点又要起床。"

她继续说道："长达半年的睡眠不足导致我注意力下降、反应迟钝，经常犯一些低级错误，有时还忘了开会。我的节假日多数是在公司度过的，有时也在家办公，所以每个月真正的休假只有2~3天。此外，全身心投入工作的我也没有时间吃饭，总是用面包或饭团敷衍了事，深夜到家后更是毫无食欲，基本不吃晚餐。"

我在看了她的体检报告后发现，这半年她居然瘦了10斤。原本有些贫血的她因不规律的作息和饮食发展成了重度贫血，必须接受医院的治疗。

最近她在起床后还出现了头痛头晕、心悸的症状，导致多次迟到。

鉴于其出现的种种身体不适，我提醒道："现在的高负荷工作已远远超过了你身体的承受范围，注意力和记忆力的下降便是身体发出的警告。加之，营养不足也导致你的贫血持续恶化，如果放任不管，迟早有一天身体会彻底垮掉！"

此时的她有些坐立不安，焦急地回答道："绝对不行！如果我停下前进的脚步，手头项目就会停滞不前。您知道吗？想当初这个项目是经过三番五次的申请后才被批准的，它倾注了我几乎全部的心血和精力。再坚持半年，这个项目就完成了。说实话，我不是没有向公司提出过人手不够的问题，但公司并未采取任何有效措施。为了弥补工作漏洞，我也是不得已而为之啊。"

虽然我理解O的心情，但是为了她的身体健康，我还是毅然决然地向人事部说明了事情原委，并建议人事部立即减少O的工作量。起初，O还表现得十分抗拒，她找到我，诉苦道："如果现在减少我的工作量，岂不让我进退两难？"这次，我毫无隐瞒地向她分析了事态的严重性："如果你对现在出现的症状放任不管，久而久之，就会因长期的睡眠不足犯下不可挽回的大错，也会因贫血的加重导致头晕目眩和严重的心悸，那个时候停职休养在所难免。另外，毫不夸张地说，你这种情况，猝发过劳死也不是完全没有可能。"当她听完我的这番话后，便不再有异议了。

因过于热爱工作，导致身体透支

人事部负责人在听完我的讲述后，颇为惊讶道："我完全不知道O的身体出现了问题，因为她对工作的热爱是出了名的，所以也就忽略了工作对她造成的影响。"

很快，公司便为O配备了两名得力干将，现在的O已脱离了孤军奋战的状态，也不用天天加班了。一个月后，当我再次见到O时，我简直不敢相信眼前这个打扮时髦的人就是O，现在的她画着精致的妆容，头发也不似从前那般蓬乱，而是被精心打理过，那金色的耳饰将她衬托的无比雍容华贵，简直和曾经的她判若两人。

"经过一番调养后才发现，曾经的自己，状态简直太差了。前段时间，因为工作量和加班的减少，我每天只想睡觉，只要一闭眼就睡得不省人事。此外，我还去了从前经常去的医院检查身体，因重度贫血被医生多次批评教育。但是，经过一段时间的治疗，头晕目眩、思考能力下降等症状完全消失，如今的我头脑清醒、逻辑思维清晰，工作事半功倍，根本不需要再加班。"我看着O从容不迫讲话的样子，第一次发现她竟是如此的优雅动人。

工作能力再强，也不能无底线地加重其工作负担

我想，任何公司都有像O一样热爱工作的人。

其中，有一部分人，可谓是同事眼中的强者。例如：面对工作时，他们有毅力、有魄力，勇于挑战，敢于攀登；遇到紧急项目时，他们可以不知疲倦地加班到深夜；有疑问时也敢于阐明自己的观点；并且，那些在普通人看来十分困难的谈判，对于他们来说就是小菜一碟；下班后，他们还经常参加同事间的聚餐，和大家关系融洽，节假日还不忘放松自我，一早起来就安排高尔夫等各种娱乐休闲活动。

但是，不论这些人如何的痴迷于工作，都有可能因工作而身患精神类疾病。

在我多年的从业生涯中，经常会遇到那些身患精神类疾病却不自知的工作狂，以及周围同事和领导认为最不可能患病的那个人居然因工作的摧残停职休养。

导致工作中的佼佼者们身患精神类疾病的类型主要有三种。

类型（一）：陷入看不到终点的超负荷工作中

类型（一）和O的经历如出一辙。很多热爱工作的工作狂都

丝毫不在乎长时间的加班。即使公司强制命令他们和企业医生见面，他们也会以"我很健康，身体没有一点儿问题"为借口草草结束面谈。

但是，不论这些人的工作能力有多强，一旦陷入看不到终点的超负荷工作中，就有可能被工作压力所吞噬。不可否认，这些人的工作能力有目共睹。其中，有的人被予以重任，进入关键部门的管理层；也有的人被提拔为重点项目的负责人。可正因为如此，他们被赋予的工作量以及承担的压力远远超乎常人，此外，这些人对工作的精益求精，也会让他们的下属渐渐被疲劳包围。

如果整个项目都能按计划顺利进行，那么所有人万事大吉。一旦中途出现问题需要紧急解决的话，工作量就会超负荷，那些对压力较为敏感的员工就会因身体不适从一线退出。

即使有人退出项目，出现人员不足的情况，公司也不会立刻招兵买马。而那些精力旺盛的年轻员工们总是以颁布的新劳动法为借口拒绝长时间加班，总之，会有种种不利因素严重影响项目的进程。此时，管理干部们当然不会放任不管，唯一的弥补办法只能是亲自上阵。因为一人干多份工作，所以每晚只能坐末班车回家，睡眠不足也会成为常态，疲劳越积越深。

如果这种状态持续半年以上，不论是多么能干的员工，身心方面一定会出现问题。以下是这些人的心声。

"这种状态究竟要持续到什么时候？每天都仿佛全力奔跑在永无尽头的隧道里一样，看不到未来，却已精疲力竭。"

"日复一日的忙碌让我和家人日渐疏远……我越来越迷茫，自己究竟为了谁才忙碌至此？"

因此，一个公司如果真正的爱才惜才，一定不能让这些人孤军奋战，也不能无底线地加重其工作负担。实施裁量劳动制❶的公司要尤为注意，一定要多注意是否出现了超负荷工作。

类型（二）：家人身患重疾

如果家里有人生病住院，即便是职场精英们，也容易引发心理疾病。

事实证明，一个家庭里，妻子患病带来的后果更为严重。因为在大部分家庭里，家务活和养育子女的重担多数都落在了妻子身上，一旦妻子生病倒下，家里就会陷入一片混乱。父母在身边可能会好一些，否则，丈夫就要承担起家里的全部重任。做家

---

❶ 裁量劳动制：不论实际工作时间长短，均视为事先决定的工作时间。一般操作是雇员自主决定工作时间，原则上企业不管被雇佣者的工作时间。

务、照顾孩子、接送孩子上下学等，看似简单实则并不轻松的"工作"，对于那些零基础的丈夫们来说更是难上加难。

而且多数男性不愿意因家庭变故向公司提出减少工作量的申请。

我经常能遇到类似的情况。那些在职场中风光无限的男性精英们，在妻子生病住院后，因无法承受工作和生活的双重压力，变得颓废不堪。

当然，干练的职场女性也会因孩子、家人长期住院操劳过度，继而引发各种身心疾病。例如：工作中忙碌了一天，下班后还要奔赴医院、夜晚陪床照顾，长此以往，身心的疲惫得不到缓解，只能越积越深，最后达到高峰。

如果身在远方的高龄父母因病情恶化住院，每周六日的长距离奔波就在所难免，几个月下来必将耗费大量心血，有的人甚至患上了抑郁症。

因此，无论男女，如果自己的家庭生活发生了很大的变故，一定要和领导或人事部阐明实情，提出减少工作量的申请。

类型（三）：反复的客户投诉和长期的遭人陷害

不论多么优秀的员工，如果长期处于负面的人际关系中，也是十分危险的。

以下是某男性中层管理干部的亲身经历。

已进入不惑之年的他，本不擅于应对那些棘手的案件，却在公司的安排下，接手了一个总是提出无理要求的客户。这个客户不仅经常提出一些与合同、货物交期无关的额外需求，还喜欢鸡蛋里挑骨头，发现一点儿微不足道的小瑕疵就大发雷霆。为了公司利益，这位中层管理干部也只能默默忍受着客户的各种任性和无理，每天如履薄冰般推进着双方的合作。几个月后，项目终于结束了，但这位中层管理者并未恢复到从前的工作、生活状态，反而患上了惊恐障碍❶，最终被迫停职休养。

在某知名美容公司上班的职业女性 W 也在遭受职场霸凌、卷入负面的人际关系后患上了心理疾病。W 所在公司的某一下属分店的店长突然身患疾病无法继续上班，因此公司临时决定将她提拔为分店店长。来到分店任职的 W 发现员工们为了减轻工作负担，发货时居然不放宣传手册，还发现有的员工在上班时间偷偷休息，于是 W 立刻向这些人发出了警告。她的此番举动招

---

❶ 惊恐障碍：简称惊恐症，是以反复出现显著的心悸、出汗、震颤等自主神经症状，伴以强烈的濒死感或失控感，以及害怕产生不幸后果的惊恐发作为特征的一种急性焦虑障碍。

致了大家的怨恨和不满，至此之后，所有员工暗地里结成一伙排挤陷害她。例如：遇到重大事项故意不汇报、明目张胆地无视W、私自损坏或扔掉W的快递包裹和私人用品等。

员工的这些幼稚、恶意行为让迄今为止一直身处总部精英圈的W大为震惊，同时也颇受打击。之后，她向领导讲述了自己在分店的种种遭遇，希望得到公司的帮助。但领导却不以为意，只是一味地劝她再忍耐几个月。紧接着，W就出现了失眠、食欲不振等症状，经心理检查后被确诊为"适应障碍"，被迫停职休养。

从上述两则实例中，我们可以看出：不论多么精明能干的员工，如果长期处于客户死缠烂打的投诉中，或他人的长期设计陷害中，承受的压力会越来越大，引发身心疾病。

其实，公司的袖手旁观在一定程度上也助长了这种不良风气。如在面对客户荒谬无理的投诉时，如果公司委派多人去应对，而不是只将那位中层管理干部推到风口浪尖的话，也不会导致悲剧的发生。此外，如果公司委派一名经验丰富、威望高的人当分店店长，W就不会因员工的陷害与轻蔑患上适应障碍。

案例三：孩子出生后，更无喘息之地

Y在某制药公司的销售部任职。

她的主要工作是向客户介绍和推销本公司的产品。为此，她每天都开着公司的车穿梭于各个诊所和医院之间。为人踏实稳重、认真负责的她，得到了医生们的一致好评，销售业绩也名列前茅。

但是，某一天，她在开车的途中发生了追尾事故，原因竟然是她开车时睡着了。当她的上司询问具体情况时，她只是简单回答道："最近太累了，因此不小心睡着了。"于是公司安排了我和她的面谈，我也终于得知了其事故背后的真正原因。

"8个月前，我的孩子出生了，从他出生的第一天起，每晚都啼哭不止。由于我十分热爱自己的工作，所以将产假时间压缩到了最短。自从我上班后，白天孩子由保育员照顾，等到晚上由我和丈夫轮流看管。有时，孩子哭闹不停，万般无奈下，我们只能大半夜地开着车带着他到处转。虽说我和丈夫一人一天轮流照看孩子，但是当孩子哭个不停的时候我也不能袖手旁观。以前，为了缓解睡眠不足带来的疲惫感，晚饭后我会在沙发上小憩一会儿。但自从两个月前被提拔为项目组长后，晚饭一过，我就得确认下属发来的邮件，并下达指示，根本没有时间小憩。如此一来，睡眠不足的情况越来越严重，才导致我在开车的途中睡着。"

很显然，Y陷入了极度睡眠不足的状态，在这种状态下开车当然是存在安全隐患的。"事实上，我想过主动申请降职……但是，这次的升职机会太难得了，一旦放弃可能会影响到我今后的整个职业生涯。于是我对自己说：再坚持几个月，等孩子再大一点，一切都会好起来的。可万万没想到，事故还是发生了，真的让我追悔莫及！"说到此，Y的眼泪不受控制地汹涌而出。

拿到我报告的人事部和Y的上司立即采取了行动。Y的领导明确表示："在接下来的一年里，暂时免除Y的组长职务。一年后，待她的孩子不再夜啼，再恢复其职位。"听到领导的这番承诺，Y也终于长舒了一口气。

此外，我还建议公司让Y彻底休息一周，以便缓解其身体疲劳，减轻睡眠不足带来的危害，最终也得到了公司的批准。

休假回来的Y不再愁眉不展，整个人看起来精神焕发。她喜笑颜开地说道："经过一周的放松，我觉得身心都舒畅了许多。过去的自己太在乎组长一职了，导致身体严重吃不消。如果真的出现重大事故，我就没办法照顾宝宝了。"

因过度疲劳，
在驾驶过程中睡着了

在育儿压力较大的时期，请放慢脚步

30～40岁之间，大部分人都开始生儿育女。

但是，和过去相比，在当今的日本社会中，全职妈妈的比例越来越少，双职工的家庭占了多数。尤其从孩子出生到上小学这一段时间，需要父母双方投入巨大的时间和精力，因此很多人在这个阶段都无法全身心投入工作。

随着时代的进步，很多男性也积极加入到了育儿队伍中，因此不仅只有像Y一样的女性感受到了育儿压力，男性也不例外。于是，很多男性找到人事部，提出了以下期望。

"养育孩子真的太累了，希望公司免除我×××的职务。"

"我的上下班时间根本没办法接送孩子，请将我调到其他部门。"

我也是一边养育两个孩子一边上班，一步步艰难地走过来的，因此我深知为人父母的辛苦。因为孩子，我们错失了很多晋升的机会，也因为孩子，我们根本没有自己的时间和空间，当压力蓄积到一定程度还会变得焦躁不安，朝孩子和家人发火。尤其，照顾婴幼儿时期的孩子是最累的，耗费的体力和精力都十分巨大，更容易积劳成疾。

作为育儿界的前辈，我的建议是：如果身处育儿压力较大的阶段，一定要记住三个"不"。即不焦虑、不攀比、不过分努力。

（1）当孩子还小时，不焦虑、不攀比

孩子越小，父母就越束手束脚，不能完全按照自己的想法将全部精力投入到工作中。"每当看到没有孩子的同事活跃在工作岗位上，毫无顾忌地去留学或者通过出差、学习来丰富人生，就觉得整天围着孩子转的自己一无是处。"我想，这或许是大部分在职父母的心声吧！

说实话，我也曾有过相同的想法，也曾因此陷入自我否定、自我厌恶的漩涡。但是，我的一位恩师曾这样鼓励过我："孩子是民族的希望和未来，而此刻的你正在培育祖国未来的接班人，从长远来看，你的工作是无比光荣的，你应该为自己感到自豪！"

我的一个前辈，她既是一名幼儿教育专家同时也是一位母亲，她曾告诉我："这世间大部分的工作，只要倾心付出，想要取得一定成绩并不难，什么时候开始都不晚。但是，孩子的成长只有一次，因此没有必要焦虑。"

而且，如果我们不能经常陪伴在孩子的身边，就很难察觉到

他们发出的求救信号。

例如：如果孩子从幼儿园、学校回家后，我们一直能陪伴其左右，和他们一起吃饭、洗澡，就能从孩子的只言片语中了解其学习生活的情况，如果发现他和同学相处不融洽或发生其他问题，也能第一时间作出引导，让孩子的心理受到最小的伤害。

我清楚地记得，有一次我正在收拾碗筷，我十几岁的孩子突然开口道："其实，就在前几天，有人用语言攻击我……"就这样他向我诉说了几天来的烦闷和不安。

其实，很多时候，即使父母主动询问孩子今天过得怎么样，孩子也不会立刻诉说自己的心声。只有经常陪伴在孩子的身边，他们才会在某个时机梳理好自己的想法发出求救信号。

最近，很多年轻父母通过SNS或其他网络渠道学习育儿知识，也会不由自主地将自己和那些育儿专家做比较，然后陷入低落情绪。每当遇到这样的父母，我就会将自己的经验讲给他们听，并劝诫他们不要焦虑、不要攀比。

（2）在育儿压力较大的时期，不过分努力

很多人都想做到"工作家庭两不误"，可是一旦陷入这个误区，就会过分努力，导致身心疲惫。久而久之，脸上的笑容就会

消失不见，取而代之的是无休止的烦躁不安。不仅给孩子带来不好的影响，也会影响夫妻和睦。

对于孩子来说，最高兴的事莫过于和父母开开心心地在一起。父母关系融洽会给孩子带来极大的安全感。因此，当父母的首先要保证充足的睡眠和规律的饮食，如此一来，才能用美好的心情陪伴孩子的成长。

尤其面对婴幼儿，消耗的体力和精力更为庞大。此时，父母要做的就是：家务活能省则省，尽可能地摄入足够的营养、保证充足的睡眠。

通过牺牲睡眠时间来赶工作进度是毫无意义的，因为一旦身体被累垮，反而会给公司和家人增添负担。

所以，在育儿压力较大的时期，放慢脚步，给自己放个假是十分有必要的。

孩子总会有长大的一天，父母也会有足够的时间全身心投入工作，到那个时候，就会发现：为养育孩子而放慢脚步并非百害而无一利。

事实证明，很多父母在养育子女这一过程中学到的知识和积累的经验对自己的工作大有裨益。以下是来自不同年龄段父母的讲述。

▼在养育孩子的过程中，我仿佛置身于一个全新的世界，极大地开拓了我的视野，对我的工作也有所帮助。（30多岁男性，广告行业）

▼看着自己的孩子一天天长大，我也想起了自己的孩童时代，是孩子让我再一次体验童年、体验成长。也因为孩子我懂得了什么是"养儿方知父母恩"，学会了换位思考。（30多岁女性，教师）

▼通过大量阅读育儿类书籍、参加育儿知识讲座，我明白了一个道理：人只有经历过磨难、体验过苦痛，内心才会变得无比强大。这个道理完全可以用在处理职场的人际关系中。（40多岁女性，管理者）

▼我的孩子曾因发育障碍拒绝上学，全家人也曾一度陷入痛苦中无法自拔，可正因为此，我在克服重重困难的过程中变得强大。面对弱者，我也能做到换位思考，待人接物时更有同理心。（40多岁男性，医生）

▼职场中的我毫无闪光点，不论做什么，都比周围的同事略逊一筹，因此我一直都没有自信。但看着我的孩子长大成人、顺利迈入社会，我第一次为自己感到骄傲，像我这样一无所成的人居然也为社会培养了一名有用之材。（50岁女性，文员）

此刻，身为父母的你，如果因养育子女而疲惫不堪，请静下心来，务必用长远的眼光看待问题，用心培养你们的孩子。牢记三个"不"，并告诉自己世上难有两全其美，对工作和生活，不必尽善尽美。

案例四：因业绩和压力患上惊恐障碍

G是某服饰公司的员工。

一直以来，他的业绩非常优秀，几年前他被提拔为东京都公司规模最大店铺的店长，从那以后，他在工作中更加有责任和担当。

但是，从一年前开始，店铺销售额一直停滞不前，每月的业绩任务也不能按时完成。区域经理得知此情况后，多次向G施压，G深感责任重大。

半年前，G的得力干将——副店长因病倒下，至今仍在家休养，这对店铺的经营来说，可谓是雪上加霜。现在，店铺里的店员都是一些资历尚浅的新人，出于无奈，G只能凭一己之力肩负起了店铺的所有重担。工作时间内，他既要负责店铺的企划和运营，也要耐心指导那些年轻员工。下班后，他还要充当财务的角色，核算店铺盈亏。每个月的加班时间都高达 60 个小时。

此外，每周只有一天的休息日，还经常被员工接二连三的电话搅得心神不宁，如果遇到店员解决不了的难题，还得急匆匆地赶往店铺，经常忙得不可开交。

渐渐地，工作成了 G 的全部，即使在下班后，白天的工作内容也在脑海中挥之不去。而且，每当电话铃声响起，G 就如同惊弓之鸟般，精神变得无比紧张。此外，越接近和区域经理汇报的日子，心情就越焦虑，出现入睡困难、夜不能寐的症状。

某天早晨，G 和往常一样出门上班，在地铁上，他突然感觉呼吸困难、心跳加速，冷汗直流的他不由得瘫坐在了地上。周围乘客见状，立即将他扶下车，不久他就被救护车送往了医院。医院给他做了全面检查，却未发现任何异常。在打点滴期间，G 的体力逐渐恢复。

但是，从那天起，G 在工作或上班途中经常出现心跳加速、呼吸困难的症状。在地铁里出现这种症状，只能被迫下车，待症状缓解抵达店铺之时早已错过了上班打卡的时间。如果在接待客户或开会中出现严重的心悸，只能中途退场，对工作产生了严重影响。这种工作状态让G更加的烦躁不安，导致他夜夜失眠。

最终，痛苦不堪的G将他的情况如实告知了总公司的人事部。鉴于此，公司安排了我和他的面谈。当我确定他属于典型的惊恐障碍后，立即为他联系了心理治疗。

很快，G开始了惊恐障碍的治疗。因为一旦出现心悸、呼吸困难等症状，想要彻底康复绝非一朝一夕之事，所以G只能停职在家休养。

30岁～40岁，是最容易被公司委以重任的阶段，当然，于个人而言，也是深感责任重大的阶段。

对公司来说，遇到像G一样精明能干的员工，一定会对其抱有很大期待，之后便委以重任，给他配备多名下属，增加其经营管理方面的工作。

很多人被晋升为项目组长后，每天都在与营业额、签约数量等"数字"带来的压力进行着无休止的战斗。

他们中的很多人曾向我诉苦道："我白天的工作时间全部都用在了指导和检查下属的工作上，根本无暇顾及自己的工作，等到下班后才能正式着手自己的业务。"

在业绩的重压下，
身患惊恐障碍

也有的人和G的情况如出一辙。每到休息日，总会接到下属源源不断的电话和邮件，甚至还得亲赴工作现场解决纠纷、接待客户。当精神压力和身体疲劳超过人体可承受的范围，就会像G一样，自律神经出现紊乱引发惊恐障碍，强烈的焦躁不安引发夜夜失眠。

除此之外，有的人还会出现以下症状：反复无常的腹痛、腹泻（或便秘）等过敏性肠综合征；由初期的压力性胃溃疡逐渐演变为持续胃胀、胃痛的慢性胃炎和消化不良；出现胃灼热、反胃等症状的胃食管反流；长期反复的肩颈部僵硬、酸痛；紧张性头痛等。

部分人甚至患上了梅尼埃病，头晕、耳鸣等症状经常反复发作。

上述疾病的发生并非源于一朝一夕，而是在很长一段时间内，虽然我们的身心已处于压力和疲劳的威胁中，却不自知，因为我们满不在乎的态度才导致最后的积劳成疾。

要提防潜在的疲劳

三四十岁的上班族因体力和精力俱佳，经常废寝忘食地埋头于工作，却不知自己的身体正在被日积月累的压力和疲惫悄悄吞噬。

尤其是那些被委以重任的员工们，更容易被潜在的疲劳偷袭，因此请确认自己的身体是否已出现下述征兆。

▼ 在处理工作和人际关系时，内心变得十分敏感，相较过去，对一些细枝末节的东西非常在意。

▼ 深更半夜还无法入眠；早上醒来很早，无法再次入睡；熟睡的次数越来越少。

▼ 不知为何，总是感到很疲惫。

▼ 一想到要工作或干家务就变得无比烦闷。

▼ 胃胀、便秘、腹泻、肩痛、头痛、耳鸣等症状频频出现。

▼ 虽然早就做好了节假日的出行计划，可是越临近出行，心情越低落，便开始犹豫要不要取消。即使强迫自己如约来到了风景胜地，也完全高兴不起来。

如果已出现上述症状，一定要开始注意了。因为上述症状是人体自律神经出现紊乱的前期征兆。

在这一阶段，如果能及时纠正改善，身心受到的损害就会被压缩到最小。但很多时候，大家都不以为意，最终酿成大错。

"最近一段时间，身体总是莫名疲惫。不行，我得加把劲儿！"

"为了实现业绩目标，我还得加快步伐！"

其实，很多时候，身体已经向我们发出了危险信号，而我们却不自知，还一味地强迫自己再接再厉，如此一来，身心疾病一定会找上门。

因此，当我们接收到身体发出的信号时，一定要在第一时间内让身心得到彻底的放松与休息。

关于如何调整睡眠时间、实现身体的自我修复，我会在本书的第10章进行详细介绍。总之，在工作日期间，必须保证每天6小时以上的睡眠时间。如果一周内频频出现因工作很难进入深度睡眠，或者至少花1个小时以上才能睡着，又或者睡着后两次以上起夜的症状，需要立即去看精神科或心理科医生，最好让医生开一些副作用较小的安眠药。毕竟，对失眠的放任不管，会加速身心疾病的到访。

其实，一周只要能保证2～3天处于深度睡眠状态，就可大大缓解身体疲劳。

每天的午餐和晚餐时间最好要充足，因为细嚼慢咽地享受美食能够有效调节自律神经的失衡。特别是那些在工作中忙得不可开交、精神过度紧张的员工，更需要延长两餐的就餐时间，让身体得到一时的放松。

为了让身心得到充分的休息，每当节假日来临，就要想方设法让自己从工作中脱身。像G一样每周六日都要接听无数个工作电话，这应该也属于工作时间外的劳动，其实是违反劳动法规定的。

从事营业岗位的员工以及身兼重任的领导干部因其职业的特殊性，即使在休息日，也会接到和工作相关的电话。但是，为了自己的身心健康，要学会打破陈规戒律，切勿将"ON"和"OFF"混为一谈。

之前被迫停职的G，经过3个月的精心调养，身体基本恢复原状，最后重新回到了店长的岗位上。与此同时，公司也为其配备了新的副店长和经验丰富的老员工，自此以后，G终于从节假日无休止的电话和出勤状态中解放了出来。对于公司下达的业绩目标，区域经理也不再穷追不舍。

从此，G再也没有因工作陷入崩溃的边缘，除了定期复查，一直坚守在店长的岗位上。

第 **9** 章 | **资深员工**
体力下降，忧心健康，压力随之而生

晋升为管理干部后，肩上的责任也成倍增加

职场中，一过45岁，就是名副其实的老员工了。他们经验丰富、知识面广，很多人也在这个时期被公司委以重任，进入到管理层。虽然远离了较为辛苦的基层工作，但肩上的责任却成倍增加。

在身体健康方面，不论男女，一过知天命之年，就不得不面对衰老带来的一系列问题。比如相较过去，体力明显下降，很多人还患上了更年期和中老年病❶。

除此之外，退休的日渐逼近也意味着自己的职业生涯即将抵达终点，资深员工们不得不思考未来的人生路该如何走下去。

接下来，我们来看几则真实案例。

---

❶ 中老年病：多发生于中老年人身上的慢性疾病总称，如脑梗、高血压、心脏病等。

案例一：因身患脑梗，导致长期病休、无法重返职场

F是某证券公司的营业员。

他从年轻的时候开始，就对工作兢兢业业，销售业绩一直名列前茅。十几年前，他被调到公司旗下的某一规模较大的店铺当店长。经过多年的不懈努力，他所在店铺的业绩直线上升为全国第一，实现了他多年以来的愿望。但是，在庆功宴上，当他举杯庆祝之际，突然倒地不醒。

经过紧急抢救，医院发现他的颅内出现了大面积的脑梗死。其实，F在三十几岁的时候就被查出患有高血压。每年体检的时候医生也会建议他趁早治疗，但是F非常讨厌吃药。他一直强调："一旦开始吃治疗高血压的药，便再也停不下来。而且，是药三分毒，谁知道它会给我的身体带来怎样的副作用？况且，我的血压值也不是很高，多运动、注意饮食的话，自然就能恢复正常了。"因此，一直以来，他从未接受过任何正式的治疗。

但是，据他的家属描述，F自从被任命为分店店长后，每天都忙得不可开交，深夜回家已是常态，节假日也得不到彻底放松，不是陪客户打高尔夫球就是在外参加活动，早就将身患高血压一事抛之脑后。

随着不惑之年的到来，F的血压值也一路攀升，很多次都超

过了 170/100mmHg。但是，F 从未在意过。

通常情况下，如果发现某一员工患有较为严重的高血压，企业医生的介入指导是必不可少的。虽然 F 所在分店的总公司设有企业医生，但因其旗下有众多分店，企业医生也无法做到面面俱到，了解每一位员工的具体情况。

F 对高血压的放任不管直接导致其动脉硬化日益加剧。此外，不规律的饮食起居也让 F 的胆固醇、甘油三酯的数值居高不下。

终于在那一天，F 的脑血管被堵塞，引发了大面积的脑梗死。从他病倒的那一天起，大约有两周的时间，F 都徘徊在生死边缘。好在最后，医生将他从死神的手中抢救了回来，但是自此之后他的右半身都处于瘫痪状态，右胳膊和右脚完全不能自主动作。

加之，F 的语言中枢也遭受重创，直接导致他出现语言障碍。众所周知，语言中枢一旦受到损害，就会出现不能开口表达自己想法的运动性失语和听不懂他人说话的感觉性失语。

F 虽然捡了一条命，却患上了失语症和半身瘫痪症，再也无法重返职场。

F 的案例发生在我还是实习医生期间，虽已过去多年，却让我记忆犹新。

对高血压的放任不管，
猝发脑梗死

F被抢救成功之后，又历经了很长一段时间的住院治疗，出院后又进行了半年的康复训练，但遗憾的是，他只能凭借拐杖勉强行走，语言功能的恢复也不尽人意，只能发出"嗯、啊、对、这个、那个"等简单的音节。

而且，医生也断定其失语症的恢复希望渺茫，最后，F的医疗期一过，公司便与其解除了合同。

员工有义务接受公司安排的体检

多项研究表明，很多人一过不惑之年，血压、血糖、胆固醇、甘油三酯、肝功能等的数值便逐渐开始出现异常。那些在年轻时就不注意保养身体、经常暴饮暴食、吸烟、缺乏运动的人，身体的异常项目也会越来越多。正所谓现在的自己正在为曾经的纵情享乐买单。

我作为一名企业医生，每天的工作就是检查确认各个公司员工的体检报告。其中，经常会发现一些像F一样存在高血压隐患的员工，除此之外，还会发现一些已出现糖尿病指征的员工。

这个时候，为了不让他们的病情继续恶化，我会建议公司对这些人实施从业限制。毕竟那些患有严重高血压、糖尿病以及肝功能障碍的员工，如果继续坚守在岗位上，一定会陷入极危险的境地。

正在阅读本书的您每年都按时体检吗？

事实上，日本法律已将按时体检纳入员工必须履行的义务当中了。例如，《日本劳动安全卫生法》中明确规定：公司有义务安排在职员工每年一次或定期的体检。与此同时，也规定了员工必须履行体检的义务。

此外，公司不能强迫员工必须在自己指定的医疗机构体检，员工有权在自己经常看病的医院进行检查，但是需要将体检报告提交给自己所在的公司。

不过也有极少数员工认为报告结果属于个人隐私，不愿意向公司公开。尽管如此，由于有些体检项目（身高、体重、视力、听力、血压、尿常规检查、贫血检查、肝功能、血液中的各种脂类物质、血糖、胸部X光检查等）是法律要求员工必须向公司公开的，所以员工不得私自隐瞒这些体检项目结果。

当然，公司也不得泄露员工的体检结果，必须严谨地做好员工的个人信息管理。

虽然《日本劳动安全卫生法》中未对个人拒不接受体检的行

为作出明确的处罚规定，但在过往的审判案例中，我们发现：部分地方法院认可公司因个人不接受体检而作出相应处罚的行为。当然，如果个人因故只有一次不参加公司安排的体检，可能不会受到相关处分，但是长年累月地拒绝每一次体检，公司就会以拒绝服从公司命令为由对个人作出相应的惩处。

为何日本要制定和体检相关的法律呢？究其原因，是出于对"安全关照义务"❶的考量。

因为在多起过劳死及超负荷劳动的审判记录中，经常会出现"公司违反安全关照义务"的字眼。说到底，国家是为了更好地维护个人权益。所有以营利为目的的企事业团体都有确保员工健康与安全的义务。

企事业团体正因受到安全关照义务的强力制约，才会安排员工的体检，并根据员工的健康状况安排适合其本人的工作。

有的公司有自己专属的企业医生，医生们会检查确认所有员工的体检报告，一旦发现异常，就会建议公司让部分员工去做复查或接受相关治疗。针对那些病情有明显恶化的员工，企业医生

---

❶ 安全关照义务是指在一定法律关系中，当事人一方对另一方人身、财产安全依法承担的关心照顾义务，违反这一义务应承担损害赔偿责任。

也会建议公司为这些人调岗或取消其加班和出差。

对于那些未设置企业医生的小公司，也可以将报告拿给当地产业保健中心的医生，他们同样也会给出合理的建议。

但是，如果有些员工身体出现了异常，却拒不接受公司或产业医生所要求的复查或治疗，这个时候该怎么办呢？

其实这样的情况并不罕见，有的员工被查出重度高血压或糖尿病后，虽然被企业医生和体检时的医生多次催促立刻接受治疗，却以"讨厌医生""讨厌吃药"为由果断拒绝治疗。

一般情况下，如果企业医生发现员工身体状况出现问题，例如：当体检报告中显示员工血压超过180/100mmHg时，多数企业医生都会建议公司"在该员工血压稳定下来之前禁止安排加班"或者"在血压稳定下来之前在家休养"。

因为极严重的高血压不仅能引起像F一样的脑梗死，还会引发脑出血、心脏疾病、头晕目眩、昏迷等，存在很高的风险性。所以，患有高血压的员工，在其血压未恢复正常之前，决不能让他们进行高处作业、危化品的保管储存、开车等。

总之，如果遇到某些员工身患心律不齐等各类心脏疾病、糖尿病、肾脏疾病、肝功能障碍、贫血等疾病却拒绝治疗或不积极治疗的情况，企业医生会建议公司对其本人实施从业限制。

面对疾病，早发现、早治疗是关键

那些被实施从业限制的员工，其实从很多年前的体检开始，就被告知"需要复查""需要进一步深度检查""需要治疗"，但正因为这些人讳疾忌医或满不在乎的态度，才导致疾病的不断恶化。

从企业医生的角度来看，如果这些员工能早一点接受治疗，就不会走到被公司实施从业限制的地步，着实令人感到可惜。

而且，那些被实施从业限制的员工，很可能就此断送了大好前程。有时，还会招致来自其他员工的恶意评判。

于公司而言，员工因身患疾病不能按时完成工作必会带来一定损失；于患病员工周边的同事而言，如果公司不能立刻增派新人，就得被迫承担生病员工的所有业务，导致工作量大幅增加。

前文中我曾提到《日本劳动安全卫生法》已将按时体检列入员工必须履行的义务当中，可事实上，劳动者不仅需要履行按时体检的义务，更需要履行努力保护自我身体健康的义务，即"自我保健义务"。

毕竟身心健康和劳动者自身的生活质量息息相关，如果本人都毫不在意，公司再怎么努力也无济于事。

所谓的自我保健义务，简而言之就是：劳动者在为以营利为目的的团体创造价值的同时，尽可能保护自我身心健康的义务。

不可否认，大多数疾病的发生都和遗传、身体素质、环境息息相关，不是通过简单的努力就能预防。

但是，当在体检中发现异常，我们可以通过努力履行自我保健义务、努力配合医生的治疗遏制病情的进一步恶化。加之，公司也会为了履行安全关照义务，监督员工是否进行了积极治疗，并调整员工的工作强度、工作岗位。如此一来，恢复健康、遏制病情绝非难事。

当然，也有少数人即使被查出身体有问题、被企业医生多次催促，仍抱有以下抵触情绪。

▼听说高血压的药一吃就不能停，但我不想自己的后半生和药物为伍。

▼得了糖尿病不仅需要控制饮食，还得花不少钱治疗，我还是放弃吧。

▼因为嗜酒如命，所以肝功能出现了问题也不想戒掉，病情恶化也不想去医院。

鉴于此，企业虽然不能强制员工必须接受治疗，但如果继续让这些人坚守岗位必然和安全关照义务背道而驰，因此只能根据其病情的恶化程度实施从业限制。

相反，如果企业无视医生的意见，明知员工病情恶化还让其长时间、高强度作业，一旦发生过劳死，必然会陷入劳动纠纷之中。

在法院审判过程中，如果发现劳动者本人并未履行自我保健义务，就会作出非常不利于劳动者的判决。

在日本历史上，曾发生过有名的脑出血控诉案件，当事人因长时间连续工作引发脑出血，因抢救无效死亡。

经过一系列的调查取证，法院发现企业确实存在违反安全关照义务的事实，但当事人也的确未履行自我保健义务，因为每年的体检报告上都有高血压的风险提示，但当事人从未接受过相关治疗。功过相抵之后，当事人家属只拿到了50%的赔偿金。

案例二：都已过了知天命的年纪，还被调到毫不熟悉的部门

年过五十的B在某婚礼策划公司上班。

在广告企划部工作六年以上的她非常喜欢现在的职业，一心想着在这个部门工作到退休。但是，天不遂人愿，她在4月份被调到了电话咨询部。

B从未接触过这方面的业务，也丝毫不感兴趣，因此她向公司和人事部提出了不想人事调动的申请，却被公司以"今后将彻底改革广告企划部，没有适合B的岗位"为由驳回了其诉求。鉴于此，B只能不情愿地接受了公司的安排，但一个月之后，B提出了要和企业医生面谈的申请。

进入面谈室的B向我讲述了事情原委。之后，她还满脸愤怒地抱怨道："您给评评理，公司的做法是不是很过分？毕竟我在广告企划部工作了六年，没有功劳也有苦劳了吧！况且这六年来，我从未出现过重大失误，一直努力奋斗至今。居然把我调到一个完全陌生的部门，简直不可理喻！"

她接着说道："自从被调到电话咨询部，我怎么也想不通自己为何会遭此不公，经常焦虑到晚上睡不着。再加上我很难适应嘈杂的环境，一天下来经常头痛难忍，也因此多次请假休息。"

针对B的境遇，我开口说道："听完你的描述，很显然，人事调动给你的身心带来了很大压力。而且你已经出现了失眠、食欲不振、头痛等较为严重的症状，因此接受治疗是你首先要考虑的问题。迄今为止，你有没有为此去过医院？"

"没有。因为我很清楚引起我身体不适的原因，即使去了医院、吃了药也不会有任何效果。"B不满地回答道。

"医生，您看我现在的身体状况，是不是不太适合待在电话咨询部呢？您能否建议人事部将我调回原部门呢？"B终于说出了她最真实的想法。

也就是说，B申请和企业医生面谈的真正目的是：通过医生的建议让公司重新考虑自己调回到原部门的诉求。

面对B提出的请求，我并未立刻答应她，只是建议道："当务之急是治好你的病，请马上去心理科或精神科检查。如果你感觉自己的身体已经无法再坚持上班，那么不论将你调到哪个部门结果也是一样的。你放心，我会将你的诉求反映给人事部。"

都已年过五十，
还被调到了电话咨询部

之后，我将面谈内容如实告知了人事部的负责人，没想到对方满脸苦笑道："她果然是为了调岗一事才申请的面谈。我知道她对此次的调岗心怀怨恨，但是她在广告企划部这六年的表现真的是不尽人意。她经常在部门里倚老卖老，将自己不擅长的电脑操作推给年轻人做，而且从未想通过学习来弥补不足；也没有发现自己提交的企划案早已与时代脱节，一旦领导采用了年轻人的方案，就到处诉说自己的不满、控诉领导的不公平，这一点让她的上司很是为难。"

而且，我还得知B并非是第一次申请调岗，迄今为止，她以无法适应为借口已经多次向公司提出过相同的诉求。例如：身处营业部时，她说自己不擅长和顾客进行交流；身处总务部等相关管理部门时，又以不会电脑操作为借口向公司申请调岗。现在，除了电话咨询部，已经没有B的容身之地了。

当我再次见到B时，已经是一个月之后的事情了。B因接受了医院的治疗，并遵医嘱服用了缓解头痛的药，病情大为好转。

B说道："后来，人事部也找我谈了谈，我也终于知道公司里的人是怎么评价我了。说实话，我真的一刻也不想待在这样的公司里了。如果我还年轻，一定会毫不犹豫地选择辞职，可我都这把年纪了，根本没有公司愿意聘用我，因此我也只能在这里忍耐到退休了。"B将全部的责任推给了公司，丝毫没有察觉到自己的问题。不过从她的表情来看，似乎已经对被调到电话咨询部一事有所释然了。

对工作不负责，结果还是要自己埋单

像B一样的老员工，临近退休被公司调岗，最终给身心带来极大负担的案例，其实并不少见。

对于那些老员工来说，都一把年纪了，突然被公司通知调岗，承受的压力还是相当大的。人到知天命的年纪，精力、体力都无法和年轻的时候相提并论，适应能力自然也大不如前，就会出现记不住新业务内容，适应不了新体制的情况。

而且对于那些即将迎来退休的人而言，都认为自己在抵达职业生涯的终点之前，可以按照自己的节奏来开展工作了。可一旦被外界的某种力量突然打破，就很难再恢复原状。

因此很多人会像B一样，在被调岗后，会通过和企业医生面谈等途径想方设法地回到原岗位。

但毕竟人事调动的主动权掌握在公司手中，公司会综合评价员工迄今为止的工作表现、能力，然后决定其岗位。不会因员工一句"这个岗位不适合我，请给我调岗"而轻易改变决定。

即使像B一样和企业医生诉说了身体出现的多种不适，如果公司不认可其原因的合理性，就很难再次考虑调岗一事。

企业医生只有在公司严重违反劳动法的时候，才会强烈干预公司对调岗的安排。例如：每个月的加班时间超过60个小时；安排达到过劳死标准的80个小时以上的加班；公司内部存在严重的职权骚扰、精神暴力、性骚扰；明知员工患有多年的心脏病、青光眼、癫痫等疾病，还安排他们从事高危作业；在得知员工身患癌症等重疾后，明知现在的岗位对其疾病的恢复不利，却不采取任何行动。

遇到上述情况，企业医生都会及时提醒公司注意，也会要求公司为部分员工调岗，大多数的公司为了规避风险都会采纳医生的建议，立即采取行动。但是遇到像B这样的员工，因不适应新的工作而出现身体不适的情况，公司会根据其具体情况再作决定，至于应对速度的快慢，便因公司而异了。

其中，不乏有些员工会拿着医院对自己适应障碍的诊断证明以及医生"为缓解症状有必要改变工作环境"的建议要求公司为自己调岗。但公司毕竟是以营利为目的的组织机构，不会无限度地容忍员工因无法适应新环境就提出调岗的诉求。

像B这样曾屡次三番申请调岗的员工，公司更不会轻易再满足其提出的诸多需求。

但对于那些十分有潜力的年轻员工，多数公司都不会轻易驳回其调岗的诉求。可调岗的诉求太过频繁，对于那些规模较小的公司来说，很可能出现无岗可调的情况。

前文中提到B虽然对电话咨询部抱有很大不满，但最终也接受了公司的安排。如果她还固执己见，继续和公司对抗下去，也不是没有被公司劝退的可能性。

年长者如何在职场中求生存？

每当有老员工向我诉说职场生活的不如意时，我都会给他们讲我恩师的人生经历。我的恩师是中村恒子，90岁的她至今仍坚守在工作岗位上，并且从未因自己年长而迟到、早退。

几年前，她将自己的生平经历及职场生存秘诀等写成一本书，取名为《人间值得》。

中村老师的人生经验对于那些挣扎在职场中的老员工们很有

借鉴意义，在这里，我想简单地介绍一下。

（1）不要对工作挑三拣四，也不要视职业规划为金科玉律

中村老师都90岁了，还继续坚守在自己的岗位上。针对这一点，我想，绝大多数的人都会认为一定是中村老师热爱自己的岗位，又或者是她救死扶伤的使命感在驱使她这么做。其实不然，中村老师曾这样说过："我从未考虑过自己的一生要取得何等的成就、获得多么大的荣誉，我工作的目的就是赚钱，让我和我的家人过上衣食无忧的日子。"

中村老师在第二次世界大战期间只身一人从尾道①来到大阪求学，她就读的学校是现在关西医科大学的前身——大阪女子高等医学专科学校。她来大阪的时候才刚满16岁，那个时候的大阪经常遭受美军飞机的轰炸。不知道什么时候，头顶就有B29轰炸机飞过，所到之处一片狼藉。

在这样的战争年代下，中村老师成了大阪女子高等医学专科学校的正式学员。她上学的目的只是单纯地想活下去。中村老师并非独生女，她还有众多的兄弟姐妹，家境十分贫寒。所幸她的

---

① 尾道：位于广岛县东南部，临濑户内海的城市。

一位远房叔父在大阪有自己的诊所，叔父曾说："这个年代，医生们大多都弃医从军了，造成医护人员严重短缺，你们这些孩子如果学习成绩还可以就去考医学院，如果考上了，学费全部由我负担。"

听到叔父的这番承诺，中村老师开始奋发图强，最终以优异的成绩考上了大阪女子高等医学专科学校。她的想法始终都是：如果能得到一份可以养活自己的工作，比什么都强。

中村老师在60岁之前，一直都是为了养家糊口在工作。她虽然嫁给了一名耳鼻喉科的医生，但对方却是一个放荡不羁、缺乏家庭责任感的人。他将所有的工资都用来买酒喝，不给家里一分钱。因此养育孩子和照顾家庭的重担全都落在了中村老师一人肩上。

60岁之后，孩子也长大成人，退休在家的中村老师感到无所事事，便才重操旧业，希望尽己所能帮助到更多的人。加之，工作已经成了她生命的一部分，因此中村老师迄今还活跃在医生的岗位上。

（2）做人要和善可亲，切勿因所谓的"面子"变得不近人情

我和中村老师曾在同一家医院一起工作过3年。那时的中村老师已过古稀之年，但是，她和医院里的年轻医护、行政人员的关系非常融洽。

我认为其中的一个重要原因是：中村老师并未因自己资历深而拒人以千里之外，反而格外得平易近人。

通常情况下，医护人员在60～65岁之间退休。但是，中村老师即便超过了这个年龄，仍然是多家医院竞相邀请的对象。

我经常能听到中村老师和医护人员之间进行如下对话。

"中村老师，这个病人就拜托给您了。"

"好的，没有问题。"

"中村老师，您觉得这份治疗方案怎么样？"

"来，我看一下。我是这么想的……你觉得如何？"

很多时候，即使不是中村老师的病人，她也会爽快地承接下来。而且，如果有年轻医生向她请教，她从不会以命令、说教式的口吻与对方说话，而是去营造一个探讨切磋的氛围。

她更不会以"这不在我的工作范围内"为借口断然拒绝他人，设置人为障碍，而是懂得随机应变，总是时刻准备着帮助他人。此外，当她遇到诸如电脑操作等不明白的地方，也会直截了当地寻求他人的帮助，并真心实意地感谢对方的帮忙，和同事之间构建真正意义上的互帮互助关系。

我认为中村老师面对生活和工作时的温柔、独立、坚强，对于那些努力挣扎在职场中的老员工来说，可以起到很好的榜样作用。

案例三：出现不明原因的身体不适

J在某食品公司的市场部担任部长一职。

多年来，市场部在他的带领下势如破竹、成绩斐然。

但是，从去年春天开始，J突然性情大变。原本充满活力、氛围轻松的营业部经常传出J的怒骂声。此外，J还因为忧心工作进度反复要求部下向他汇报。

下属们已经很长时间没有在J的脸上看到过笑容了。J的动作也不似从前那般敏捷，总是无精打采。而且经常在公司的重要会议上发呆或睡觉。

J的种种举动都被他的好友兼公司董事看在眼里，于是安排了我和J的面谈。进入面谈室的J目光呆滞，整个人看起来十分疲惫。

"你的好友非常担心你的身体状况，而且你的脸色看起来的确不怎么好。"我开口说道。接下来，J讲述了他最近几个月的遭遇。

"大概在6个月前，家中身患老年痴呆症的父亲去世了。因为他患病多年，所以我心里也早有准备，并不是非常悲痛。但是处理后事、分割遗产等诸多事项一度让我感到焦头烂额，身心疲惫。在之后的短暂休息中，我以为自己的身心已经恢复原状，没想到时隔半年后，我仍然打不起精神来。面对工作，我总是感到有心无力，过去那个魄力十足的我似乎也消失得无影无踪。本就睡眠不好的我，最近似乎更加严重了，躺在床上两三个小时都睡不着，食欲和体重也出现明显的下降。在工作中，我越想全神贯注，大脑就越不听指挥，经常一片空白。至于开会时间睡觉一事，这是我从业多年来想都不敢想的事，然而就在不久之前，我居然在众多董事的面前睡着了，真的让我大吃一惊。再这么下去，我还有何颜面去领导下属？"

此时的J已经出现了明显的抑郁情绪，于是我立刻为他写了介绍信，将他的情况告诉了精神科。经过一系列的检查后，J的主治医生建议他居家休养。诊断证明上也清楚地写着"抑郁状态"几个字。就这样，J停掉了手中的所有项目，开始静心疗养。

50多岁出现
不明原因的身体不适

经过8个多月的居家疗养，J终于恢复了健康，他拿着医院开具的复职诊断书来到了公司。可是，这一次，他的诊断证明上却写着LOH综合征❶（男性更年期综合征）。治疗科室也从原来的精神科变成了泌尿科。

"当被告知患上了男性更年期综合征，我着实大吃了一惊。起初我一直在精神科接受抑郁症的相关治疗，可总是不见效。然后，主治医生就怀疑我可能患上了更年期综合征，马上将我介绍给了泌尿科医生。果不其然，检查化验后发现我的睾酮值明显低于正常水平。现在，我正在接受荷尔蒙补充疗法，效果还是比较显著的。相较之前的浑身无力、对什么都不感兴趣来说，现在的我精力旺盛，还经常去打我喜欢的高尔夫球。"

更年期不是"女性病"，男性也会得

中老年的女性员工经常会因更年期出现心理和身体的双重不适。

---

❶ LOH综合征是男性迟发性性腺功能减退症的缩写。男性性腺（睾丸）分泌的雄激素是体内决定男性特征的最重要的物质，而男性步入40岁以后，体内的雄激素随着年龄增长而下降，由此引起一系列生理变化及临床症状。

女性在绝经前后，体内的荷尔蒙会出现明显波动。更年期经常发生在45～55岁之间。由于在此期间，女性的卵巢功能减退、雌激素的分泌急剧减少，所以，身体在短时间内根本无法适应激素的失衡，便引发各种不适。

更年期还会导致自律神经和精神状态出现问题。

其主要症状如下。

▼心悸、呼吸困难、潮热、出汗；

▼头痛、腰痛、肩痛、手足麻木、关节痛；

▼烦躁易怒、不安、失落、失眠；

▼头晕、耳鸣、食欲不振；

▼皮肤黏膜干燥、口干舌燥、尿失禁等。

在更年期出现的各种症状我们称之为更年期症状。所有人都会患上更年期，只不过有轻有重罢了。对于那些一直以来事业家庭两不误的人来说，更年期的到来可能会给他们的生活带来很大影响。

而且，更年期不是"女性病"，男性也会得。

伴随着男性荷尔蒙睾丸素水平的下降，男性的身体和心理也会出现相应的变化。男性更年期综合征也被叫作LOH综合征，是由男性性腺（睾丸）分泌的雄激素下降引起的。如今，在接受抑郁症治疗的男性中也有一部分人被确诊为LOH综合征。

在日本，潜在的LOH综合征患者高达600万人，其中以正值事业高峰期的40~50岁男性，以及临近退休的60岁左右男性为主。此外，在临床中，我们还见到一部分患者已过古稀之年。

男性更年期出现的症状和女性十分相似。

▼压抑、浑身乏力、注意力不集中、心情低落、烦躁不安、失眠等；

▼疲惫感、肌肉酸痛、关节痛、肌肉无力、肩痛、尿频、脸色泛红、潮热、手脚冰冷、多汗、头晕、耳鸣等；

▼性欲减退、晨勃减少等。

上述症状表现的明显与否都是因人而异的，但是压力和高强度的工作会加剧上述病症的进一步恶化。

其实，遇到像J一样的病人，很难辨别他是抑郁症还是更年期。如果是抑郁症的话，就要接受精神科或心理科的治疗，但如果是LOH综合征的话，就得去泌尿科或内分泌科就诊。

如果怀疑是LOH综合征的话，最好做抽血检查，检测血液中睾酮的数值是否在正常值内。

对变老的恐惧与日俱增

不论男女，当出现更年期的症状时，就意味着身体开始慢慢变老。虽然症状的轻重和个人体质有关，但是也会受到压力和疲劳程度的影响。

人一到45岁前后，就不能像年轻时候那样肆意挥霍生命了，一定要开始注重养生。

如果还像30多岁那样经常熬夜、不规律饮食、没有良好的生活习惯，那么身体的恢复期也要比预想长得多。疲劳的不断积累会导致人变得无精打采，当然也会对工作产生不好的影响。

很多人不喜欢，甚至害怕变老，但是再先进的技术也无法抵抗自然规律，生老病死乃人之常情。与其被恐惧包围，不如直面现实，不要再拿45岁的自己和30岁的自己作比较。对待工作也一样，无须过分强求，给身心一些放松的时间。

进入50岁后，更要放平心态，在调节身心的同时迎接自己的第二次人生。

当今时代，百岁老人并不罕见，而且现在日本人的平均寿命都已达到了80岁以上。即使60多岁退休，还有20年以上的人生路要走。因此，从50岁开始，就可以规划自己后20年的人生了。

几年前，我也步入了知天命之年。

在为自己的最后20年做规划的时候，古印度的"人生四期说"给了我很大的启发。我会在后面做详细介绍，以供大家参考。

专栏一：用"春、夏、秋"三个季节比喻不同年龄段的上班族

在本书的第二部分，我按照年龄把上班族分为了三类。

分别是：

职场新手22～30岁

中坚力量31～45岁

资深员工46～60岁

其实，此分类方法参照了西班牙哲学家——何塞·奥尔特

加·伊·加塞特对人生各个阶段的分类。

奥尔特加将人的一生分为了五个阶段。分别是：0～15岁属于儿童期，15～30岁属于青年期，30～45岁属于成年期，45～60岁属于壮年期，60岁以上属于老年期。

22～30岁的**职场新手**若按照奥尔特加的分类，还处于青年期。他们虽然已经迈入社会，但只能被称作"初出茅庐"的社会人。经过不断的历练与失败后，他们逐渐了解并习惯了成人的世界，最终成功掌握了成人的为人处世法则。与此同时，在这个阶段，不论是在工作还是生活中，这些年轻人也在找寻自己的生存价值和容身之所。

如果用一个季节来形容这个阶段，那一定是"春天"。职场新手们有如一粒粒种子，努力地寻找着适合自己的土壤，然后生根发芽，成长为参天大树。

按照奥尔特加的分类，31～45岁的**中坚力量**已步入成年期，也是成长最快、精力最旺盛的时期。在这个时期，他们已然掌握了作为一个社会人最基本的常识和技能，并且身体也还未进入衰老期，因此一个个精力旺盛地活跃在职场的大舞台上。一部分人也被提拔为中层管理干部，身兼重任的同时，他们的才华和能力终于也得以发挥。

这个阶段和"夏天"更为相称。中坚力量们正如一棵棵树，可以独立地扎根在土壤中，并且一个个枝繁叶茂，有的树枝上长出了饱满的花蕾，还开出了美丽的花朵。

46～60岁的资深员工按照奥尔特加的分类，还处于壮年期。这个时期，一部分人已经具备精湛的技术水平或优秀的领导才能，作为管理者为公司创造庞大的价值。他们在享受地位和权势带来的满足感和优越感的同时，要负的责任也达到了峰值。与此同时，伴随着身体的不断衰老，体力和精力也不断下降，经常感到力不从心。这个时期正如硕果累累的"秋天"，多年的努力造就了今天的成功，但是也即将迎来人生的"寒冬"。

61岁以后就是奥尔特加所说的老年期了。很多人因退休退出了职场的舞台，开启了自己的第二次人生。当然也有一部分人被公司返聘，过着和过去一样朝九晚五的生活。不管选择哪种生活模式，这些人都感觉到了自己在逐渐老去，他们在抵达终点前的这一段路上不断摸索前进。

毋庸置疑，这一人生阶段肯定就是"冬天"了。但是，在平均寿命接近90岁的当今时代，老年人的第二次人生也可以如枯木逢春般重新再来。

不必在乎世人的眼光和评价，勇敢地去追寻真实的自我即

可。可以完全站在和上班时不同的视角和立场去思考"何为丰富
多彩的人生",然后再踏上新的征程。

专栏二: 古印度的智慧教会我们如何在50岁后修身养性

"人生四期说"是古印度的一种说法。它主张:人生分为四
个时期,并具体阐述了各个阶段最理想的生活状态。

接下来请允许我做一个简单介绍。

学生期:在老师或上司的教导下,学习各种各样的知识,掌
握独立生存的技能,是一个以学习为主的阶段。

家住期:兢兢业业地工作,结婚生子,成为一家之主,努力
养育子女,让家人过上衣食无忧的生活。

林住期:完成了养家糊口的任务后,开始远离世俗,遵从自
己的内心,选择自己喜欢的生活方式。

游行期:对这个世界再无执念,到圣地苦修,在深奥的冥想
世界中游行,平静地迎接死亡的到来。

50岁以后,人生逐渐走向林住期。多数人都会畅想自己的
退休生活,为了让自己的老年生活更加丰富多彩,都在思考"退

休后自己要干什么""要提前作何准备"等。除此之外，就是直面自己职场生涯的最后一段路程了。

一过知天命之年，由于精力和体力明显大不如前，多数人都看到了自己职业生涯的终点，所以不会像年轻时那般豪情壮志、天天做着升官发财的美梦。与此同时，还会经常感觉自己跟社会脱轨了。

这么看来，的确有些凄凉。但是不论如何感叹人生苦短，人类生老病死的宿命终究不会改变。

其实对于衰老一事，我还是能坦然面对的，内心深处甚至还对林住期抱有些许期待。

因为那个时候的自己，不用再为了生计到处奔波、不用在乎社会对我的评价，也可以从工作的压力中彻底解放。当我可以真正按照自己的想法随心所欲生活的时候，何尝不是人生一件美事呢？

而且，我从年轻的时候就爱好绘画，但苦于工作太忙一直没有时间静下心来学习。最近，我报了一个绘画班，打算真正进入林住期后，到处走走看看，将身边美好的风景都画下来。

和我年纪相仿的一个朋友，她准备在退休后开一个化妆培训班，专门教那些成熟女性化妆，旨在让她们看起来更美丽自信。

而且也想借此机会，给大家提供一个互相交流的平台。最近一段时间，她正在努力学习化妆技术，为考取相关资质证书做准备。

前段时间来找我面谈的一位60岁左右男性说："我准备重拾学生时代的爱好——吉他，为此，我特意报了吉他班，天天刻苦练习。我准备在退休后和我的朋友们组建一个乐队，去医院或老人院慰问时，举办一个小型音乐会。"

很多人在自己的工作岗位上奋斗了一辈子，已经习惯了上班的生活节奏，突然退休在家，就变得无所事事，每天都过得浑浑噩噩，简直是度日如年。也有人为此患上了"退休抑郁症"。

进入50岁以后，我们要学会坦然面对身体的衰老，开始为自己的第二次人生做准备。

第三部分

保持好心态的
工作处方笺

在接下来的章节中，我将为大家介绍如何自我治愈才能保持身心健康。

我们人类的身体和精神往往是密不可分的。当身休处于疲惫状态时，不论去做多么值得高兴的事，精神也得不到彻底的放松。反之，当精神处于高度紧张和疲惫状态时，身体也会变得慵懒，出现腰酸背痛等症状。

接下来我将从**睡眠、饮食、运动、心理**4个方面入手，为大家介绍身心治愈的方法。此方法简单方便，而且效果显著，请大家参考。

睡眠：众所周知，经常性的睡眠不足会让人变得烦躁不安，工作中频频出错。工作强度高、压力大的话，就会让人陷入"高度紧张"的状态，失眠也会接踵而至。为了让身体得到充分的休息，睡眠质量的好坏至关重要。那么，如何才能让自己心情愉悦地进入睡眠呢？第10章将会为大家进行详细的介绍。

饮食：饮食是决定身体健康的基本要素，因此，即使再忙，也要摄入足够的营养成分。一旦身体出现营养不良，就会直接影响个人的精神状态。第11章会介绍几个饮食方面的小技巧，让那些忙于工作的上班族摆脱营养失衡的困扰。

运动：运动也能对调节身心起到积极的作用。但是，繁忙的工作让人们无暇锻炼。第12章会介绍一些在日常生活中很容易实现、强度小效果大的锻炼方法。

心理：最后，我将在第13章介绍心灵的保养方法。在保养之前，能够及时发现心理能量的缺乏也至关重要。请大家务必尝试我介绍的方法。

日本已成为世界上睡眠时间最少的国家

日本已经"荣升"为世界上睡眠时间最少的国家了，这一点足以成为日本向其他发达国家"炫耀的资本"。

据2018年经济合作与发展组织（OECD）中30个成员国的调查，日本超过多年来一直位居榜首的韩国，一跃成为世界上（15～64岁）平均睡眠时间最少的国家。

经统计，日本的平均睡眠时间为7小时22分钟，位居第二的韩国为7小时41分钟，其他国家基本都超过了8小时。

我相信，很多日本国民在看了这份统计后，一定会苦笑道："这份统计数据具备真实性吗？为什么我工作日的睡眠时间都不够7小时？"

其实，大家有这种想法是可以理解的，因为早在2017年厚生劳动省对"国民健康·营养"的调查就显示：在20～50岁的人群中，平均睡眠时间不足7小时的人占七成以上。

2018年日本通过了《劳动方式改革相关法案》，将严格限制劳动时间提上了日程。其目的就是把更多的自由时间还给劳动者，确保劳动者的睡眠时间。

我负责的多家企业中，就有不少企业的员工每个月工作时间外的劳动超过了80个小时，所以公司特意为他们安排了"针对超负荷工作的面谈"。经过进一步调查发现：其中，超过90%的人睡眠时间只有5个小时，最短的睡眠时间甚至不到4个小时。

如果有人将每天5个小时以下的睡眠时间视为正常现象，除非他是短睡者❶，不然一定是在把自己置于危险之地。

短睡者就是每天只睡几个小时，却依然活力十足、丝毫感觉不到疲惫的人。这种与生俱来的优势，让他们像超人一样睡得少干得多。

据说历史上赫赫有名的拿破仑、达·芬奇、爱迪生等人就是短睡者，但是其真实性还有待进一步考量。

---

❶ 短睡者：普通人每晚都需要至少7个小时的睡眠才能保证第二天有精力，可是短睡者每晚只睡几个小时即可得到充分的休息。造成这种状况的原因之一是控制睡眠与觉醒的基因发生了突变。

在我从医的职业生涯中，也遇到过多个自称是短睡者的人。他们自信满满地夸口说道："每晚5个小时以下的睡眠对我没有丝毫影响，第二天的我仍旧精神百倍！"但事实上，他们每到周六日都要补觉，也有的人在工作日的午休期间就睡得不省人事。他们中的绝大多数都不是真正的短睡者。

短睡者只占总人口的5%~8%。绝大多数的人如果不能保证夜晚7~8小时的连续睡眠，第二天就会感到困倦。

恐怕正在阅读本书的各位也不是短睡者。

长期睡眠不足会给身心带来极大危害

长期的睡眠不足会让疲劳感不断堆积，导致注意力、认知功能和运动功能低下。

其严重后果远远超出了我们的想象。

宾夕法尼亚大学曾联合华盛顿大学做过一个实验。他们让那些需要睡7~8个小时的正常人每天只睡6个小时，2周后，惊奇地发现那些受试者的身心状态和两天两夜未合眼的人如出一辙。

令人更为恐惧的是，据受试者们描述，在实验开始的前几天，他们还能明显地察觉到自己的表现欠佳，可是在那之后，这种感觉就完全消失了。其实很多人都是因长期的睡眠不足才导致工作上的频频出错，但却毫不自知。

我们经常说：睡眠不足会让生产事故的发生率提高8倍。世界睡眠医学之父威廉·迪蒙特也在他的著作中提到1989年发生的超级油轮触礁事件就是因为舵手睡眠不足，对航线判断失误引发的；1986年"挑战者"号航天飞机升空后爆炸也和美国国家航空航天局（NASA）负责人极度缺乏睡眠息息相关。

和我面谈的人当中，也有人因睡眠不足在开会时无法理解对方的提问导致无言以对或回答错误；或者完全忘记了和客户约定好的见面；又或者平白无故地向下属发火，弄哭对方。

也有很多人因长时间、高强度的工作导致睡眠缺乏，出现心情低落、头晕目眩、心悸等症状。

你还清"睡眠负债"了吗？

对于常人而言，如果睡眠时间无法达到7个小时，就会产生睡眠负债。

"我昨晚只睡了5个小时，因此今天要睡8个小时"，像这般如果能在短时间内偿还完睡眠负债，就不会引起严重的问题。对于身体健康的人来说，如果平常只能睡6个小时，周六日能睡够8个小时以上，也能偿还睡眠负债，周一上班又会变得生龙活虎。

我属于那种必须要睡够7个小时的人，否则身体就会出现诸多不适。但是，由于我经常要把工作带回家去做，还要照顾孩子，很多时候只能睡6个小时。但是，我会尽可能地协调工作和家庭生活，保证每周有一半的时间睡够7个小时。此外，在节假日期间，我会关掉闹钟，睡到自然醒，大概会比平常晚起两小时左右。

对于我个人来说，只有以上述方法才能还清睡眠负债。但是，如果遇到周六日有工作要做，睡眠时间肯定会减少，那么周一再上班，我会感觉疲惫不堪。

虽然人类对睡眠负债的研究从未停止，但是还有很多未知领域需要人类去探索。不论怎样，趁早还清睡眠负债终究没有错。

正在阅读本书的你是否也还清了所有的睡眠负债呢？如果出现下述症状，证明你还处于"欠债"状态。

▼三餐后或者坐在地铁上总是犯困，经常睡着。

▼白天如果不抽烟、不喝咖啡，就会变得萎靡不振。

▼在枯燥的会议上经常犯困，处于似睡非睡状态。

▼晚上一上床倒头就睡，可谓是"一秒入睡"。

▼在开车的过程中，只要车一停（等待绿灯期间等），困意就席卷而来。

如果经常性的只睡不到5个小时，睡眠负债就会越来越多，周六日的补觉也无法完全弥补，身体就会陷入危险。因此有意识地提前偿还睡眠负债至为关键。

也有人为了弥补工作日的睡眠不足，一到周六日就睡到下午三四点。其实，我并不赞成这种极端的补觉模式，因为超过中午12点的补觉，会严重扰乱人体的生物钟。

如果有可能的话，请尽量延长工作日期间夜晚的睡眠时间。可以按照本书第2章介绍的方法，通过减少加班和家务时间来为睡觉争取更多的时间。

过度劳累已成为"隐形杀手"

长期的睡眠不足会让我们身心疲惫。随着这份疲惫感的不断积累，就会引发过度劳累，给身体带来不可预估的伤害。

此外，超负荷的工作也会引起过度劳累。其初期表现如下。

▼长期吃夜宵会导致脂肪堆积、体重上升。

▼睡眠不足和疲劳会让身体代谢变差，疲惫感不易消除。

▼记忆力和反应能力的下降导致工作中频频出错。

▼心情不稳定，易烦躁，很难处理好人际关系。

▼心里想的全是工作上的事，导致晚上辗转反侧睡不着。即使睡着了也很难进入深度睡眠。

如果对过度劳累放任不管，长此以往，就会出现下述严重问题。

▼出现强烈的倦怠感，大脑里经常一片空白。

▼工作效率大幅降低，总是犯错，还经常和周围同事起纷争。

▼伴随着食欲的减退，人也逐渐消瘦。

▼免疫功能下降导致抵抗力变弱，经常感冒生病。

▼患糖尿病、高血压、心脏病及脑血管疾病的风险增加。

▼自律神经出现紊乱，引发心悸、头晕、胃肠道疾病等。

▼思考能力和判断力下降，对生活抱有消极态度，身患焦虑失眠症和抑郁症。

过度劳累被称作"隐形杀手"，它会在不知不觉中侵蚀你的身体，一旦倒下就可能性命攸关。

和我面谈的人当中，越是那些觉得自己身体强健的人越容易忽略过度劳累的初期症状，当重大疾病来临时又追悔莫及。

最为严重的后果莫过于过劳死了。当人体长期处于极度疲劳的状态时，很可能猝发心律不齐、心肌梗死、脑出血、脑梗死等致命疾病。

我曾见过一些中小型企业的经营者们满脸自豪地鼓吹道："我们公司的员工都非常爱岗敬业、天天抢着加班。""法律对加班时间的限制简直就是对员工工作热情的极大打击。"这充分证明了他们并没有认识到过劳死的可怕性，这是十分危险的。

那些真正热爱工作的人才更需要警惕过劳死。即使没有因过度劳累丢掉性命，也可能身患重疾。

不论多么热衷于工作，一定要劳逸结合，否则就会积劳成疾。

调理睡眠迫在眉睫，六大秘诀帮你轻松解决

为提高睡眠质量，睡觉前的放松必不可少。

人不是机器，并非电源一关，就能从前一秒的高速运转立刻切换到睡眠模式。想要在睡前保持内心的平静是需要一定时间的。

以下六大秘诀能轻松帮你解决睡眠问题。

（1）睡前1～2个小时不碰手机、电脑等电子产品

如果晚上一直盯着手机、电脑等电子产品，其发出的蓝光会让大脑误以为现在是白天，当然不会产生倦意。而且和朋友聊天、打游戏会让大脑处于兴奋状态，想入睡更是难上加难。

此外，卧室灯不要使用白炽灯，因为白炽灯发出的白光波长和蓝光相似。

（2）通过享受晚餐、和家人的团聚、泡澡来放松身心

下班后和家人有说有笑地共进晚餐，感受家的温馨，之后再通过泡澡缓解一天的疲劳，想一想都觉得幸福无比。通过上述方式，可以有效缓解交感神经的紧张，让副交感神经占据主导地位，从而使身心得到彻底的放松。

切勿熬夜玩手机！

但是我不建议在睡觉前用温度较高的水长时间泡澡。因为人在泡澡后，虽然表层温度很快就能恢复正常，但是人体的深层温度却很难快速下降，不利于自然入睡。尤其在夏天，深层温度要想恢复正常是需要一定时间的。所以，对于那些喜欢泡热水澡的人来说，最好拉开泡澡和睡觉之间的时间间隔。

（3）晚上不要摄入含咖啡因的饮品

晚上摄入含咖啡因的咖啡、红茶、绿茶等饮品，就会让人体在接下来的5个小时处于兴奋状态。因此，从傍晚开始就要远离咖啡因。但是可以喝一些不含咖啡因的饮品，例如：大麦茶、薏米茶、香草茶等。

（4）晚饭和睡觉至少要间隔2～3个小时

饭后，由于人体的肠胃蠕动会加快，不利于自然入睡，所以晚饭和睡觉至少要间隔2～3个小时。如果因为加班导致晚饭时间推迟，干脆就在公司解决晚饭。

（5）晚饭饮酒要适量，睡前3小时不饮酒

如果人体内有酒精残留，就会影响到睡眠质量。晚饭时可以

喝酒，但要适度，以不损害身体健康的量为准。除此之外，睡前3个小时不要饮酒。

（6）在安静黑暗、温度适宜的卧室睡觉

有的人喜欢躺在沙发上看电视，没过多久就进入了似睡非睡的状态，再一睁眼已是第二天早上。但是，这样的睡眠方式很难让人进入深度睡眠，因为声音和光亮不利于熟睡。这样的睡眠状态让人体积存的疲劳感很难得到缓解。

此外，适宜的温度也很重要，过冷或过热都不利于自然入睡。

如果有人害怕黑暗，可以在卧室安装一个灯光柔和、不那么明亮刺眼的小夜灯。

好的睡眠可以增强人体免疫力，远离感冒等疾病的入侵，也可以提高工作效率，减少犯错。因此，提升睡眠质量，要时刻铭记上述6个要点。

每顿饭都草草了事的话，何以缓解疲劳？

很多人因忙于工作，不仅牺牲了自己的睡眠时间，还对一日三餐敷衍了事。

一些离开父母、在外独自居住的年轻人的饮食结构是：早上只喝一罐咖啡，中午吃一份拉面或炒面，晚上从超市买一份盒饭当作晚餐。那些立志减肥的女员工们，对自己的一日三餐更为敷衍：早上不吃饭或喝一些饮品，午饭是饭团或粉丝汤，晚饭仅是一份沙拉或糕点。

长此以往，就会导致营养元素减少，从而造成营养不良。

众所周知，血清素和多巴胺等神经递质对人体来说至关重要。如果人体出现营养不良，就意味着没有养料再提供给这些神经递质了。紧接着，人体就会出现判断失误、注意力不集中、心情低落等症状。

此外，我们只知道生长激素的分泌和睡眠息息相关，人只有在睡着了，大脑垂体才会分泌生长激素。殊不知营养不良也会影响生长激素在人体内的合成。

对于那些身强体壮的年轻人来说，即使长期处于营养失衡的状态，也可能不会给身体带来致命的打击。但是对于那些已进入而立之年的人来说，不论是体力还是精力当然不能和年轻时同日而语，长期的营养不良会让身体十分虚弱和疲惫，如果再遇到来自外界的巨大压力，就会引发身体不适，甚至身患重疾后停职休养。

健康的诀窍：红：黄：绿=1：1：1

如何兼顾繁忙的工作和营养均衡的饮食呢？

我的建议是：将所有食材分成红、黄、绿三组，并以1：1：1的配比来做饭。

红色食材：人体肌肉、血液、内脏所需的蛋白质

肉类、鱼类、鸡蛋等动物性蛋白质；豆腐、纳豆等植物性蛋白质；芝士、纯牛奶、酸奶等乳制品（不包括鲜奶油）。

黄色食材：碳水化合物、食用油等人体能量的来源

米饭、面食类、糕点、薯类等碳水化合物；黄油、色拉油、橄榄油、鲜奶油等油类。

绿色食材：调节身体各项机能的维生素、矿物质

蔬菜、各种藻类、水果❶等。

在清楚红：黄：绿=1：1：1的配比之后，其数量究竟多少最合适呢？我们可以采用手掌丈量法。接下来我将进行具体介绍。

鸡鸭鱼肉、豆制品等红色食材的大小要占满一个手掌（其厚度也可参照手掌的厚度）。

在黄色食材中，每顿饭大米的量只需要相当于轻握的一拳大小的量，面粉的量要两掌。

在绿色食材中，蔬菜的量要够两掌，加热后蔬菜的量正好刚满一掌。

---

❶　因为水果里含有果糖，所以部分水果也属于黄色食材。

实现营养均衡的1：1：1法则

红

肉类、鱼类、
豆制品、乳制品

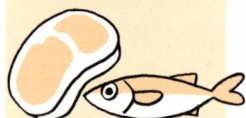

黄

米饭、面食类、
食用油类

绿

蔬菜、藻类、
水果

1 : 1 : 1

很多人因为忙碌，每天中午只吃面或饭团，如此一来，肯定满足不了1：1：1的营养配比。所以，在吃面或饭团的时候，可以再来一些含有鸡鸭鱼肉等高蛋白的配菜。与此同时，多吃蔬菜，减少米面类的摄入。

从超市或便利店购买即食盒饭时，尽量挑选那些以鱼肉为主、富含多种蔬菜的盒饭。此外，如果因时间来不及，只能用汉堡或三明治果腹的话，尽量挑选那些含有鸡蛋、金枪鱼、火腿等红色食材的产品。为了弥补绿色食材的缺乏，最简单的方法就是买一杯蔬菜汁。

即使晚上很晚吃饭也不会变胖的秘诀

作为一名企业医生，我经常会听到这样的声音："因工作我每天忙到很晚，到家已是半夜12点钟，肚子饿得咕咕叫，不吃点东西根本睡不着。而且，如果不喝点啤酒，就觉得生活百无聊赖。"

我理解说这些话的人的心情。辛苦工作一天，半夜才到家，谁都想通过吃饭、喝酒放松身心、缓解疲劳。

很晚才能吃晚饭时的
"黄金分割进食法"

晚上7～8点，在公司加班的时候

黄

回家后

红
绿

但是，饱餐后立刻睡觉不仅会影响睡眠质量，还会让脂肪堆积。因此，对于那些无论如何也要深夜吃饭的人，我强烈推荐他们采用"黄金分割进食法"。

具体而言就是，晚上7~8点还在公司加班的时候，先摄入黄色食材（碳水化合物），剩余的红色和绿色食材等到家后再吃。

像饭团、面包、三明治等都属于碳水化合物，在许多便利店都能买得到，而且在自己的工作岗位上坐着就能吃。

晚上到家后，对鸡鸭鱼肉等红色食材尽量避免使用油炸的烹饪方法，最好用煮、蒸、烤的方式烹饪。要注意：晚饭吃到5~7分饱为最佳。关于晚饭吃什么，我比较推荐：富含多种蔬菜和肉类的涮锅，以及少油少盐的蔬菜炒肉。

当然，也可以将清水煮菜配着烤肉、烤鱼、刺身、煮鸡蛋、凉拌豆腐、关东煮等一起吃。此外，蔬菜类不要选取糖分较多的薯类和玉米。

如果吃饭的时候非要喝酒的话，一定要适度。我的建议是：啤酒（350mL）、兑水的烧酒（1杯）、葡萄酒（1杯）、清酒（90mL）。只要不是每天喝，睡前来一点无伤大雅。也可以喝一些不含酒精的啤酒来抑制喝酒的欲望。

如上所述，睡前清淡饮食、吃个5~7分饱是不会对睡眠质量产生负面影响的。而且，不在睡前摄入碳水化合物和油腻的食物，可以很好地抑制血糖的升高、预防肥胖、减轻肠胃负担。

很多加班到深夜的上班族经常抱怨："明明饭量一点没变，体重却在不断增加。"如果正在阅读本书的你和他们抱有一样的烦恼，不妨尝试一下我介绍的"黄金分割进食法"。

碳水化合物是大脑工作的能量源泉，如果按上述方法7～8点摄入碳水化合物的话，就会避免因用脑过度导致效率降低。比起那些在饥饿状态下仍坚持加班的人来说，效率要高出很多。

第 **12** 章 | **运动**
工作再忙也能实现的运动

久坐会引发疾病

很多人不运动的理由都是工作忙没时间。殊不知适度的运动能够帮助我们很好地缓解压力、让身心得到放松。

对于那些天天坐在电脑桌前一动不动的上班族来说，更需要运动。因为有相关研究证明：久坐会引发各种精神类疾病、增加死亡率。

据澳大利亚悉尼大学的研究，日本人平均一天要坐7个小时，在被调查研究的20个国家中位居榜首。

众所周知，久坐会导致血液循环变差，基础代谢降低，身患心肌梗死、脑血管疾病、肥胖、糖尿病、癌症、老年痴呆症的概率增加。澳大利亚曾以22万中老年人为对象做过一项研究：1天坐11个小时以上的人的死亡风险要比每天坐4个小时以下的人高40%。世界卫生组织（WHO）也曾警示过："世界上每年有200万人的死亡都和久坐息息相关。"

此外，日本的研究也表明：1天坐12个小时以上的人身患精神疾病的概率要比1天坐6个小时以下的人高3倍。

为了减轻久坐给健康带来的负面影响，我建议：工作中每隔半个小时就起身活动一次。例如：可以起身复印、打印；和他人有事相商的时候，不要每次都发邮件，可以起身走到对方的工作岗位与之协商；开会的形式也可以改成站着开会。

轻松实现步行运动

生命在于运动，身体的健康离不开日常生活中的运动。

提及运动，很多人的脑海中都会浮现跑步、游泳、网球、足球、瑜伽等画面，但是现实生活的忙碌让人们无暇去做这些运动。如果强迫自己去做，反而会带来压力。

其实，在日常生活中，有一种运动随时随地都能轻松实现，那就是——步行运动。希望那些非常忙碌的人可以按照我说的方法动起来。

步行可以让身体吸入更多的氧气，属于有氧运动，对身体有很多好处。而且有研究表明，一次步行30分钟的效果和分三次、每次步行10分钟的效果是相同的。因此，我们无须特意去运动，只需在上班途中加快步伐就能轻松进行有氧运动。

以下是我的几点建议。

▼如果居住地距离车站较近，最好有意识地绕远，保证能够快走10分钟。

▼在车站里尽量不使用电梯，而是步行去爬楼梯。

▼对于那些开车去上班的人来说，可以从停车场绕远快走到公司。

▼如果公司在3～4楼，使用楼梯而非电梯。

▼午饭后在公司附近快走。

▼如果在家办公的话，工作开始前和结束后去户外快走10分钟。

我从来不特意花时间去健身房，只是单纯地按照上述方法快走，每天大概能走8000步。

爬楼梯也属于运动！

除了步行，每天骑自行车去车站也是很好的运动。如果能绕远，增加骑行路程，效果会更显著。

步行、慢跑、骑行都属于有氧运动，如果能长期坚持，不仅能够强身健体，还能让我们远离精神类疾病。

东邦大学医学专业的名誉教授——有田秀穗曾在他的著作《血清素锻炼法》中提到步行、慢跑、骑行等有一定节奏感的运动会促进大脑分泌血清素。

科学研究已证明，血清素可以有效对抗压力，而且能让人镇静，减少急躁情绪，带来愉悦感和幸福感。有田秀穗教授也曾说过："一旦开始带有一定节奏感的运动，5分钟后，大脑中的血清素浓度就会有明显上升，20～30分钟后达到峰值。"

此外，阳光也能促进血清素的分泌，因此最好在户外进行慢跑、快走等运动。

如果在家办公，也要尽量让阳光照射到工作的房间。最近，有很多员工通过远程视频的方式找我面谈。我发现他们有一个共同点：即使在白天，也拉着厚重的窗帘，房间里昏暗无比。或许他们的想法是拉着窗帘有助于专心工作，但是我更担心他们长期生活工作在这种昏暗的环境下会让心情更加低落。

用早起后的体操运动开启美好的一天

还有一项值得推荐的运动,那就是广播体操。

广播体操能让我们在短短的10分钟左右实现全身的运动。

众所周知,我们在走路的时候,主要活动的是下半身,上半身基本不参与运动。但是,广播体操能让人体的各个关节和肌肉动起来。

我们发现,那些久坐的程序员的上身都有些发圆,而且颈部关节、肩关节、脊柱很容易变得僵硬。

我们只有在洗完衣服进行晾晒的时候才会将双手举过头顶,活动肩、颈椎。由于在平常的工作中,多数人都处于长时间坐在电脑前办公的状态,所以肩酸背痛已成为大多数人的苦恼。

如果每天坚持做广播体操,并养成习惯,不仅可以让手臂、头部、腰部等上半身关节部位得到充分的运动,还能促进血液循环,将体内积存已久的容易产生疲劳的物质全部代谢掉,身体也会越来越灵活。

随着年龄的增加,人体的各个关节都会出现老化,越来越多的人被肩周炎和膝关节疼痛所困扰。但是每天坚持做广播体操,能够有效预防因身体衰老带来的关节疼痛。

当然，瑜伽和普拉提也能实现全身的运动，而且效果显著。但是，要想彻底掌握正确的姿势和练习方法，需要投入大量的时间和精力。

如今，日本的学校每天都组织学生进行广播体操，即使毕业后进入职场，也不必特意去学习。况且，网上也能查到广播体操的相关教学视频，可以一边模仿一边运动，十分方便。

我每天早上都有做广播体操的习惯，而且已经坚持20多年了。我还改良了其中的一些动作。例如向上伸胳膊时，我会让胳膊抬到最高，我还将踢腿的动作改成了高抬腿，大大提升了运动强度。通常情况下，我会在早饭前穿着睡衣做体操，运动后微微出汗的感觉真的很舒服，而且食欲也会得到很大改善。

在一些制造型企业中，每天早晨和午休时都会做广播体操，我想这也是对广播体操益处颇多的一种认可吧。因此在远程办公如此普及化的今天，我们更需要养成天天做广播体操的习惯。

广播体操能够实现全身的运动

第13章 心理
内心能量不足时要及时补充

你的内心还剩多少"电量"?

前面几章我们讲到了如何通过调节睡眠、饮食、运动来同时治愈身体和心理。身体和心理是相辅相成、密不可分的，因此都需要精心的养护。但是在特殊情况下，前几章讲解的方法只能治愈身体出现的问题，却无法解决心理问题。因此我想在本书的最后一章单独讲一下养护心灵的方法。

我认为养护心灵的最佳方法是：给自己直面内心的时间。

条件允许的话，我希望大家每天都能挤出点时间直面最真实的自己，倾听自己内心最深处的声音。

从我们迈入社会的那一刻起，就意味着不能再像学生一样任性妄为、以自我为中心了。在职场中，大部分人很难以"我今天真的很累了""其实我想……"为借口拒绝自己的上司和同事。但是满足了别人的要求后，自己又会变得十分压抑，久而久之，这种压抑的情绪就会让人心理受挫，甚至引发心理疾病。

为了防止上述情况的出现，需要我们确认自己的内心还剩多少"电量"。

我们可以把自己的内心想象成一块充电电池。那么，压力肯定是消耗能量的罪魁祸首。因压力而产生的紧张、不快、焦虑会让心里的能量不断流失。

那么，我们用什么来给内心充电呢？当然是那些发自内心深处的渴望、正能量的东西了。

▼做一些内心真正期望的、让自己兴奋不已的事。

▼内心平静、身心放松、休息。

▼做一些有益健康、心情愉悦的事。

▼通过参加一些和自己价值观相符的活动，内心变得充实无比。

正在阅读本书的你，内心还剩多少"电量"呢？接下来我将为大家具体介绍不同"电量"下人们的状态。

内心充电电池

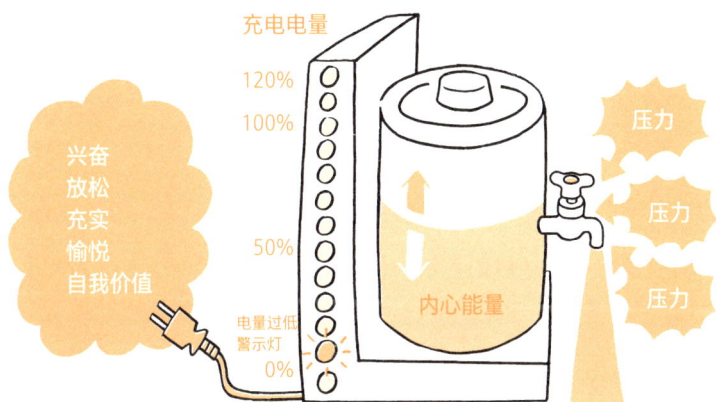

内心充电电池这一说法属于著者原创，未经许可不得擅自使用。

我们假设拥有100%的"电量"时，我们处于无忧无虑、活力四射的状态；0%的"电量"时我们处于身心疲惫、心情抑郁的状态。

（1）80%以上的"电量"

身心愉悦，看起来精神饱满。在这种状态下，完全可以接受新的挑战和领导委派的新任务。

（2）50%～70%的"电量"

因烦恼、压力、睡眠不足等导致身心俱疲。在电量逐渐减少的情况下，不论是工作还是生活中，最好维持现状，切勿挑战新事物。还需要通过放松心情、休息来给内心充电。

（3）50%以下的"电量"

身心已极度脆弱，需高度警惕。当身心正承受着极大的压力或身体出现发烧、疼痛等不适症状，又或者因过度疲劳出现倦怠感时，保证足够的休息和放松、给内心充电才是头等要务。如果察觉自己的身心健康出现了问题，一定要及时就诊。

务必要将确认内心所剩"电量"作为每日的必修课。如果在吃早饭的时候发现内心的"电量"已不足60%，那么就尽量避免去做一些可能会给身体带来沉重压力的事。例如：对于那些相对棘手的工作，尽量往后推；取消当天的技能提升课程；远离烦琐的家务活等。总之，要想方设法减缓"电量"的流失。

与此同时，还要及时给内心充电。例如：如果非常想睡觉，就不要在当天加班，早点回家，为睡觉争取更多的时间；如果想大口吃肉或者想一边听着音乐一边躺在沙发上放松，那么就请遵从内心的想法。

总之，我们要学会直面最真实的自我，倾听自己内心深处的声音。

能够敏锐察觉到压力发出的信号

针对某种疾病，我们常说：早发现、早治疗、早康复。可见能及早发现身体疾病的重要性。当然，当心理出现问题的时候，早发现也至为关键。

压力的不断积累会让内心"电量"逐渐减少，此时，压力就会发出信号通知我们的身心。此时，能否在第一时间抓住压力发出的信号就变得十分关键。

压力究竟会发出怎样的信号呢？其实这是因人而异的。为了避免被压力击垮，未雨绸缪很重要。首先，我们要将自己过去承受压力时身体表现出来的症状全部罗列出来。压力不仅出现在悲伤、焦虑的时候，也会出现在考试、找工作、结婚、生孩子、工作调动等人身大事发生的时候，因此一定要仔细回想，罗列压力带给我们的所有症状。

接下来我会罗列一些压力发出的较为典型的信号，大家可以一边参考一边和自己出现的症状对号入座。

心理疾病的征兆

▼莫名地感到心慌、害怕、不安。心情久久不能平静、坐立不安。

▼变得易怒、焦躁不安、玻璃心。

▼很容易兴奋、不受控制地掉泪、情绪波动大。

▼无缘无故地讨厌或害怕和他人交流。觉得接电话、和他人
　见面是一件非常麻烦的事。

▼睡眠不好。多次起夜、醒得早并且无法再次入睡、不停地
　做梦、很难熟睡。

▼强迫症和焦虑症（例如：总是担心门没锁好、没上闹钟，
　反复确认后才放心；对并未发生的自然和人为灾难十分担

心，害怕发生在自己身上）。

▼对任何事都不感兴趣，包括出行游玩、兴趣爱好等。

▼注意力很难集中，工作和学习效率下降。

▼总觉得周围人在嘲笑、讽刺自己。在此心理作用下，什么
事都做不好，极度缺乏自信。

▼开始毫无节制地吃甜食、抽烟、喝酒或咖啡。

身体疾病的征兆

▼肌肉僵硬、腰酸背痛、头痛等问题越来越严重。

▼出现腹泻、便秘、胃胀、胃痛、腹痛等消化道疾病。

▼疲劳感、倦怠感日益严重。即使休息一晚，也无法缓解
疲劳。

▼食欲过盛导致体重激增；毫无食欲导致体重不断下降。

▼很容易感冒；不明原因的发烧。

▼高血压、过敏、哮喘等多年的老毛病也突然复发。

▼出现头晕、耳鸣等症状。

▼无缘无故的心悸和呼吸不畅。

远离压力源

在清楚压力的来源后，为保证身心健康，消除或远离压力源十分关键。

例如：公司安排你去负责一个十分难缠的客户，在应对的过程中，你发现这个客户的胡搅蛮缠让你倍感压力，此时，如果公司能同意你退出此项目，可谓是最佳的解决方法。否则，你有必要去寻求领导和同事的协助，当公司委派多人去负责此项目时，你和客户之间的联系就会变少，压力也会随之减少。

若出于无奈必须要接触压力源的话，一定要给自己留有一定的准备、放松时间。例如：如果最近一段时间的高强度工作让你感到精疲力竭，在不严重妨碍工作进程的前提下，可以请半天年假。另外，如果你和家人发生了较大的矛盾、一想到回家就倍感压力的话，可以在回家途中的咖啡店小坐半个小时，心情平复后再回家。与此同时，还需要想办法缓解身体疲劳。

我不止一次地讲到过：身体和心理是密不可分的一个整体，当心理较为脆弱时，身体也会表现出疲惫和不适。当我们察觉到压力发出的信号时，切不可麻痹大意，一定要在第一时间调整睡眠和饮食，让疲劳无机可乘。

摄入营养丰富的食物、保证充足的睡眠，能让内心的能量得到快速恢复。

当发现内心的能量出现下滑时，尽量不要打破已有的生活方式，让生活出现变化。因为我曾在第3章讲到过，生活工作中的种种变化会导致压力的产生。所以，当压力发出信号时，应尽量避免变化的发生。例如：换工作、学习新知识、挑战减肥和戒烟、去远方旅行等，或多或少都会给人带来压力。

此外，当压力发出信号时，应尽量遵从自己的本心，优先考虑"我想……"，想方设法减少"我必须……"的情况发生。因为必须要做某事时，就会在无形中给自己施加压力，导致内心的"电量"急剧下降。

所以，索性就放纵一次，在无伤大雅的情况下，按照自己的所思所想任性地生活。例如，在一般情况下都是由自己去完成的工作，可以寻求同事的协助，如果不能按时完成，可以尝试和上司或客户沟通延期。

如果通过上述方法还不能消除或缓解压力，一定要高度警惕了。我的建议是：当压力存在2周以上，并且已经严重影响到了工作和生活，一定要立刻去医院接受检查。心理疾病去心理科、精神科；身体疾病要去出现问题的具体部位的相应科室检查。

学会压力自查

在前面的章节中，我们讲到了：每天要确认内心的所剩"电量"，还要抓住压力向我们发出的信号。

为了更全面、客观地评价自己所承受压力的大小，要学会进行压力自查。

2015年日本在修订劳动安全法的时候，要求50人以上规模的公司每年必须进行一次压力自查。通过自查，能够及时发现员工们所承受的压力，并据此改善职场环境。

厚生劳动省发布了"五分钟自查职场压力测试"，任何人都可以进行压力自查，十分便利。

五分钟自查职场压力测试

以记分的方式简单评估个人所承受的压力。

方法：

（1）在230页～233页的调查问卷里的各项内容都有四个选项可供回答，每个选项代表不同的程度。

（2）如果调查问卷中的橙色区域超过一定数量，就会被判定为"身陷压力之中"。

采用此方法时，首先请确认【A】提问中有多少个回答选项处于橙色区域，然后再决定是否有必要确认工作压力要素【B】和其他次要因素【C】。例如：一旦【A】的数量超过了正常范围，就证明回答者的身心已处于高压力状态，就需要从【B】或【C】中寻找原因。

如果回答者满足以下任一条件，就证明正在被压力所困扰，一定要高度警惕。

①工作压力要素【B】被分为4大类，有3类超过了正常范围。

②"工作负担程度（【B】中的第一类）""对工作的掌控程度（【B】中的第二类）""是否可以得到来自职场的帮助（【C】）"都超过了正常范围。

使用调查问卷进行压力评估时的注意事项：

五分钟自查职场压力测试为自填式问卷，使用前需要了解并注意以下几点。

（1）这是一份工作压力问卷，不测量工作以外的压力因素（如家庭生活中的压力等）。

（2）这份调查问卷面向大众，并未考虑所有回答者的个人因素。因为是自填式问卷，所以在评估时，主观片面性的回答居多。

（3）只能掌握调查时的压力情况。

（4）调查结果并非百分百正确，基于此原因，不能只依据问卷来判断个人的压力情况。

如果你觉得最近压力有些大，可以随时随地自测。目的是第一时间发现自己究竟被何种压力所困扰、压力的强度如何。如果发现自己是"高压力承受者"，最好申请与企业医生或保健师的面谈，也可以去当地的心理科或精神科进行相关检查。

A. 面对压力时精神方面出现的反应 男性：达到 14 个以上　女性：达到 13 个以上	1 几乎没有	2 偶尔有	3 经常有	4 几乎总有
1. 精神饱满	1	2	3	4
2. 浑身充满干劲	1	2	3	4
3. 生气勃勃	1	2	3	4
4. 想发火	1	2	3	4
5. 爱生闷气	1	2	3	4
6. 情绪烦躁	1	2	3	4
7. 容易疲劳	1	2	3	4
8. 筋疲力尽	1	2	3	4
9. 乏力	1	2	3	4
10. 精神紧张	1	2	3	4

续表

11. 内心不安	1	2	3	4
12. 静不下心来	1	2	3	4
13. 感到忧郁	1	2	3	4
14. 做什么事都嫌麻烦	1	2	3	4
15. 无法集中注意力	1	2	3	4
16. 心情低落	1	2	3	4
17. 对工作心不在焉	1	2	3	4
18. 莫名悲伤	1	2	3	4
A. 面对压力时身体出现的反应 男性：达到 5 个以上　女性：达到 6 个以上				
19. 头晕眼花	1	2	3	4
20. 全身各处关节疼痛	1	2	3	4
21. 脑袋发沉，伴随疼痛	1	2	3	4
22. 颈部、肩部僵硬	1	2	3	4
23. 腰痛	1	2	3	4
24. 眼睛疲劳	1	2	3	4
25. 出现心悸或气短	1	2	3	4
26. 胃肠不适	1	2	3	4
27. 没有食欲	1	2	3	4
28. 便秘或腹泻	1	2	3	4
29. 睡眠不好	1	2	3	4

	1是	2大概是	3不全是	4不是
B.确认工作负担程度 **男性：达到 6 个以上　女性：达到 5 个以上**				
1. 必须做大量的工作	1	2	3	4
2. 不能按时完成工作	1	2	3	4
3. 不得不拼命工作	1	2	3	4
4. 工作时需要高度集中注意力	1	2	3	4
5. 工作难度高，对知识和技术要求非常高	1	2	3	4
6. 上班期间，无时无刻不在考虑工作上的事	1	2	3	4
7. 需要消耗大量体力的工作	1	2	3	4
B.确认对工作的掌控程度 **达到 2 个以上**				
8. 可以由自己掌控工作进度	1	2	3	4
9. 可以由自己决定工作顺序和工作方法	1	2	3	4
10. 自己的意见能在公司的工作方针中得到反映	1	2	3	4
B.确认工作中的人际关系 **达到 2 个以上**				
11. 自己所在的部门内存在意见分歧	1	2	3	4
12. 自己所在的部门和其他部门存在分歧	1	2	3	4
13. 工作氛围友好	1	2	3	4

续表

B. 确认工作的适合程度 达到 2 个				
14. 工作内容适合自己	1	2	3	4
15. 从事的工作有意义	1	2	3	4

C. 确认是否可以得到来自职场的帮助 达到 5 个以上					
		1 非常可以	2 还可以	3 多少可以	4 完全不可以
您可以与下列人员随意交谈吗？	1. 上司	1	2	3	4
	2. 同事	1	2	3	4
您遇到困难时，下列人员是否可以信赖？	3. 上司	1	2	3	4
	4. 同事	1	2	3	4
因个人问题需要咨询时，下列人员是否可以与之商量？	5. 上司	1	2	3	4
	6. 同事	1	2	3	4

最后的话

　　首先，我要感谢大家能够阅读到本书的最后。

　　作为一名精神科医生和企业员工的健康管理医生，我将自己职业生涯中遇到的各种案例以及从中得到的经验教训全部写在了本书里。

　　在本书的开头部分，我曾讲到过：同辈压力之根深蒂固已然成为日本人的一种国民性，上班族既要在团体组织中遵守"以和为贵"的"规矩"，还需要为提升自己的业绩不断奋斗。需要在矛盾中求生存，真的十分辛苦。

　　遗憾的是，这些朝九晚五的上班族无论采取何种办法和压力做斗争，压力都不会完全消失。与其两败俱伤，还不如学会如何与压力共存。本书罗列了生活中可能会遇到的各种压力以及应对之法，希望大家能够各取所需灵活运用于自己的生活中。

我想在本书的最后为大家讲解一下与压力巧妙共存的【3R】法则。

▼ Rest：休息和睡眠

▼ Relaxation：放松

▼ Recreation：娱乐

严格遵守3个"R"的顺序至为关键。

当我们的身心感受到压力时，首先要遵守第一个"R"，即通过休息和充足的睡眠让身心得到彻底的放松。在前面的章节中，我们曾详细地讲到过：由于充足的睡眠和营养均衡的饮食是缓解所有压力、让身心放松的基础。如果没有充足的休息，其他娱乐方式和治疗方法都效果甚微。所以，当我们接收到压力发来的信号时，Rest是第一要务。

第二个"R"有助于缓解身心疲劳、让我们心情愉悦。Relaxation（放松）包括：随意地躺在沙发上、进行日光浴、和关系亲密的家人朋友畅聊、亲密接触大自然、伸展放松身体、按摩等。

当我们感受到压力时，全身肌肉会变得僵硬、血压上升、心跳加速、比平常更为敏感，因此才更需要放松。

在这里，我想强调的是：长时间的上网聊天和玩游戏并不等同于放松，相反，它们对放松不利。在前面的章节中，我也曾讲到过：长时间接触电子设备会增加眼疲劳、引发腰酸背痛、头痛等身体不适症状。此外，长时间使用SNS，也会带来精神压力。因此，当感受到压力时，尽可能缩短接触电子设备的时间。

第三个"R"包括健身、种植花草、听音乐会、看电影、购物、旅行等各种娱乐活动或兴趣爱好。现如今，很多年轻人为了缓解身心压力，直接跳过前两个"R"，进入了第三个"R"的状态，殊不知拖着疲累的身体去旅行、去运动、去参加各种娱乐活动会让身心更加疲惫。

之前，曾找我面谈的一位员工就是因长期高强度工作后直接去了国外旅行，回国后就立刻出现了身心不适。该员工就是忽略了Rest和Relaxation对身心恢复的重要性，导致了直接进入Recreation状态后的体力耗尽。不可否认，旅行会让人快乐，但是却增加了"变化"和"紧张"两个因素。

当遇到压力时，我认为最明智的做法是：首先要通过充足的睡眠和均衡的饮食（Rest）让身心疲惫得到彻底的治愈，然后让身心不再出现紧张焦虑（Relaxation），如果此时的你还有额外的精力和时间，便可享受各种娱乐活动了（Recreation）。

　　具体而言就是，在繁忙的工作日首先要保证Rest的实现，节假日的时候可以根据身体的疲惫程度选择Relaxation或Recreation。

　　俗话说："身体是革命的本钱。"不论任何人，若想在自己的职业道路上走得更远，有一个健康的身心是根本。因此，当身体向我们发出危险信号时，一定要在第一时间去修复。

　　衷心希望各位读者在阅读完本书后，能够游刃有余地应对工作中的压力，健康幸福地度过每一天！

奥田弘美

2021年春于阳光明媚的东京

读书笔记

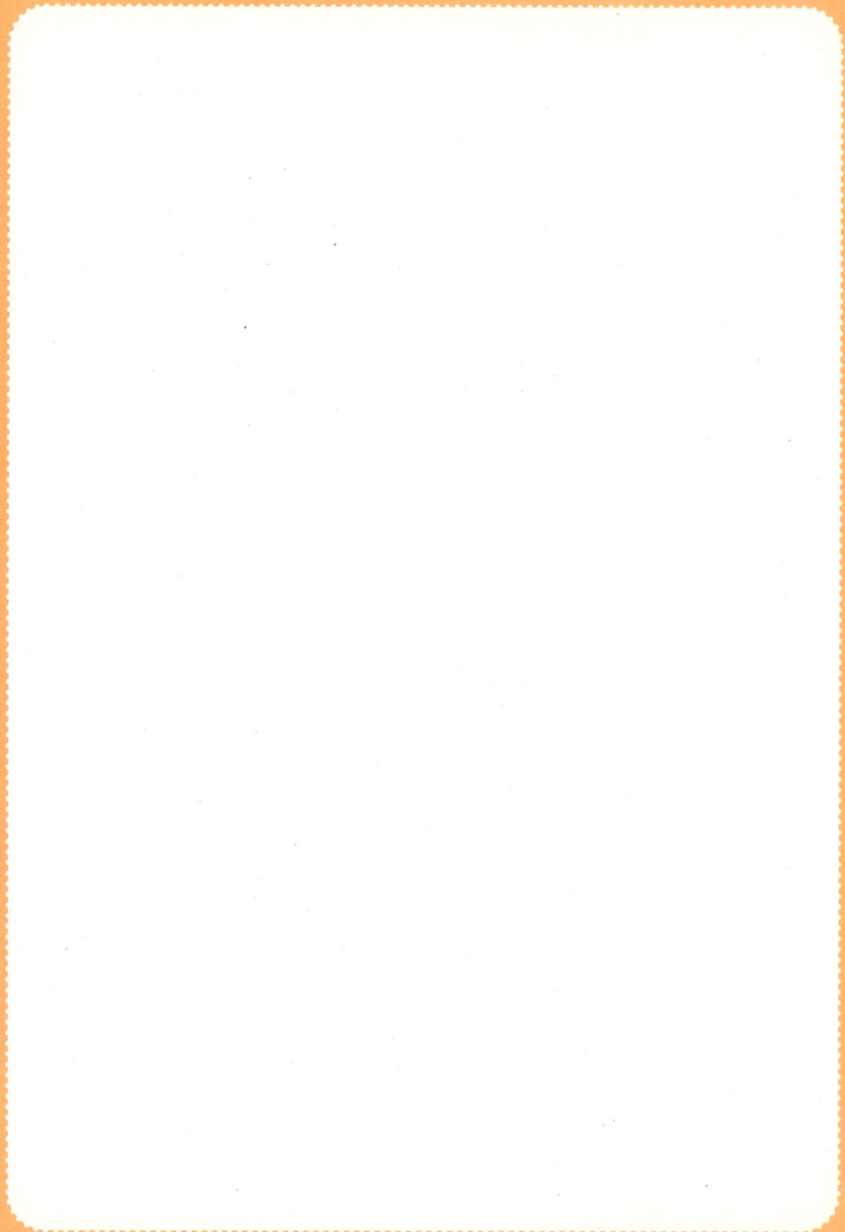